Modeling of Low Temperature Start-up
of Fuel Cell - Battery Hybrid Power System

燃料电池-蓄电池
混合电源系统
低温启动建模

宋珂　魏斌　著

化学工业出版社
·北京·

内 容 简 介

本书以通俗易懂的语言和形象的图解阐述了燃料电池系统建模与仿真的原理与基本方法。该书以燃料电池系统的建模过程为主要线索，向读者详细介绍了燃料电池系统中关键部件的原理与建模方法，重点分析了燃料电池低温启动的现象、原理以及建模方式，将基本的原理融入建模过程中，加深读者的印象，提升读者的感性认识和认知水平。基于建立的燃料电池系统，还对燃料电池冷启动过程进行了仿真和分析，进一步加深了读者对燃料电池冷启动过程的理解。

本书适合具有一定燃料电池基础知识的读者阅读，可作为高等院校本科生、研究生学习燃料电池建模尤其是燃料电池冷启动建模的参考书，也可以作为燃料电池汽车相关工程师学习参考的资料。

图书在版编目（CIP）数据

燃料电池-蓄电池混合电源系统低温启动建模/宋珂，魏斌著.—北京：

化学工业出版社，2021.7（2024.1重印）

ISBN 978-7-122-39030-1

Ⅰ.①燃… Ⅱ.①宋…②魏 Ⅲ.①燃料电池-蓄电池-混合电源-冷

起动-系统建模 Ⅳ.①TM91

中国版本图书馆 CIP 数据核字（2021）第 078513 号

责任编辑：辛　田　　　　　　　　　　　　　　文字编辑：冯国庆
责任校对：李雨晴　　　　　　　　　　　　　　装帧设计：王晓宇

出版发行：化学工业出版社（北京市东城区青年湖南街 13 号　邮政编码 100011）
印　　装：北京科印技术咨询服务有限公司数码印刷分部
710mm×1000mm　1/16　印张 10¼　字数 129 千字　2024 年 1 月北京第 1 版第 2 次印刷

购书咨询：010-64518888　　　　　　　　　　售后服务：010-64518899
网　　址：http://www.cip.com.cn
凡购买本书，如有缺损质量问题，本社销售中心负责调换。

定　　价：88.00 元

车用质子交换膜燃料电池经过数十年的发展，已经取得了长足的进步，中国燃料电池汽车技术路线图提出 2020 年中国燃料电池汽车保有量达到 1 万辆，2025 年达到 10 万辆，2030 年达到 100 万辆，2020 年保有量计划已经实现，燃料电池汽车商业化已经成为必然趋势。然而燃料电池汽车的大规模商业化仍然面临许多挑战，其中一个关键问题就是燃料电池的低温启动性能不能完全满足汽车复杂的使用环境需求。

质子交换膜燃料电池的正常运行需要不断地从流道向催化层供应燃料进行化学反应，在对外放电的同时生成水，在低温环境下，生成的水会结冰从而堵塞催化层和气体扩散层，进而导致燃料电池启动失败。为了实现燃料电池的低温启动，中外研究人员进行了大量的相关研究，建立了若干不同维度的燃料电池机理模型和经验模型，对影响燃料电池启动的因素进行了分析，并提出了相应的燃料电池的冷启动控制策略，其中主要分为：辅助加热、自启动、吹扫、保温等控制策略。目前国内燃料电池冷启动性能与国际先进水平仍存在一定的差距，但是在国内研究人员和工程师的不懈努力下，两者的差距正在逐步缩小。

本书中笔者以通俗易懂的语言、形象的图解阐述了燃料电池系统建模和仿真的原理与基本方法。笔者主要以燃料电池系统的建模过程为主要线索，向读者详细介绍了燃料电池系统中关键部件的原理与建模方法，重点分析了燃料电池低温启动的现象、原理以及建模方式，将基本的原理融入建模过程中，加深读者的印象，提升读者的感性认识和认知水平。基于建立的燃料电池系统，本书还对燃料电池冷启动过程进行了仿真和分析，进一步加深了读者对燃料电池冷启动过程的理解。

　　全书共分为 7 章。第 1 章介绍了燃料电池冷启动研究现状，重点对相关的建模和水热分布研究进行了综述，让读者可以了解燃料电池冷启动现状并为之后的相关建模提供必要基础。第 2 章介绍了燃料电池系统的组成及结构，为了使建立的系统模型能够适应冷启动控制策略，对现有的通用燃料电池系统进行了修改，并引入蓄电池中建立了蓄电池-燃料电池混合系统结构，基于建立的混合系统结构提出了本书的系统模型架构，为读者清晰展示了本书的结构和脉络，方便读者的阅读和理解。第 3 章介绍了蓄电池-燃料电池混合系统的供气系统和冷却系统中关键部件的原理及建模方法，为之后燃料电池的建模提供了必要的输入和输出接口。第 4 章基于蓄电池低温试验数据，建立了能够反映蓄电池低温输出和输入性能的模型。第 5 章介绍了燃料电池冷启动过程中的水传输现象并对其进行建模，通过模型反映了结冰对燃料电池电压输出性能的影响。第 6 章介绍了燃料电池单体温度分层模型，根据燃料电池的真实结构将其温度模型进行分层，考虑不同部件之间的传热，能够更加真实和准确地反映燃料电池单体中的温度分布，进而能够更加准确地仿真燃料电池的性能输出。第 7 章介绍了燃料电池电堆的温度分层模型，基于第 6 章建立的单体温度模型，进一步考虑了单体之间的传热和端板对电堆两端接触单体的影响。

　　本书由同济大学宋珂、魏斌编写。全书由宋珂统稿和审阅。

　　本书适合具有一定燃料电池基础知识的读者阅读，可作为高等院校本科生、研究生学习燃料电池建模尤其是燃料电池冷启动建模的参考书，也可以作为燃料电池汽车相关工程师学习参考的资料。

　　本书内容经过相关专家的审阅，笔者在此表示由衷的感谢。由于能力有限，书中纰漏在所难免，欢迎读者朋友提出建议或订正错误。

编者

目录

第1章

引 言

1.1

概述

　　内燃机是近代科技革命中最具核心价值、最具有代表性的发明之一，内燃机的应用极大地提高了生产力，推动人类文明的快速发展，尤其推动了汽车的高速发展和推广，改变了人们出行的方式。现在，在汽车行业能源排放清洁化、动力系统电动化、产业发展智能化的大趋势下，传统内燃机汽车面临前所未有的挑战。近年来，中国石油对外依存度持续攀升，能源安全面临严峻挑战，中国政府积极推行节能减排，在制定严格排放标准的同时，积极推动纯电动和燃料电池等新能源汽车技术创新及大规模示范应用。

　　相较于燃料电池汽车，纯电动汽车在产业化的道路上有了一定的发展，但是大量使用锂离子电池会带来电池内部短路爆燃的安全问题、电池报废处理难的环境问题、研发制造费用高的成本问题、充电时间长的用户体验差问题。而且随着国家对纯电动汽车补贴政策的缩减，国内纯电动汽车的发展面临严峻挑战。相对而言，质子交换膜燃料电池（PEMFC）使用氢气作为动力源，运行过程中几乎不会产生污染物排放，而且其能量转换效率可以不受卡诺循环的限制，能达到 90%，实际使用过程中的效率也是传统内燃机的 2～3

　燃料电池-蓄电池
混合电源系统低温启动建模

倍。因其能量密度高、操作温度低、低噪声、运行可靠等优点，PEMFC 汽车越来越受到各国和各公司的重视。

2016 年 3 月，日本公布了日本《氢能及燃料电池战略路线图》修订版，该修订版计划在 2030 年燃料电池汽车保有量达到 80 万辆，同时还具体规划了"到 2020 年普及燃料电池汽车 4 万辆、到 2025 年普及燃料电池汽车 20 万辆"的中期目标，其中 2020 年计划已经实现。

欧盟规划到 2020 年实现车用燃料电池商业化，欧盟主要国家也相继布局燃料电池汽车市场，比如，英国计划到 2030 年燃料电池汽车保有量达到 160 万辆左右，到 2050 年燃料电池汽车市场占有率达到 30%～50%。韩国计划到 2025 年，建设 200 个位于高速公路的加氢站；到 2030 年，韩国燃料电池汽车占新车总数的 10%，约 63 万辆。

《中国制造 2025》对中国燃料电池汽车技术和市场进行了规划和展望：2020 年，燃料电池汽车续航里程达 500km，加氢时间小于 3min，燃料电池低温启动温度低于 $-30℃$；2025 年，实现燃料电池汽车批量生产和市场化推广。中国科学院院士欧阳明高更新了中国燃料电池汽车的技术路线图，2020 年燃料电池汽车保有量达 1 万辆、2025 年达 10 万辆、2030 年达 100 万辆，燃料电池汽车的商业化推广已经是必然的发展趋势。经过多年的研究，燃料电池得到了长足的发展，电池成本、耐久性等关键问题已经得到解决，然而冷启动一直是阻碍燃料电池汽车大规模商业化的技术难题。

燃料电池的冷启动是指燃料电池从 0℃ 以下的温度成功启动到

达 0℃以上,并进一步升温到达正常工作温度的能力。质子交换膜燃料电池在进行化学反应放电的同时会排出产物水。在低于冰点温度下,产生的水会在多孔层甚至在流道中结冰。冰在电池内部积累后,阻塞气体通道,覆盖催化剂层,阻碍反应进行,最终导致启动失败。

从 20 世纪 60 年代第一个实用的氢氧燃料电池组被研制成功以来,经过几十年的研究和开发,PEM(质子交换膜)燃料电池的冷启动性能方面也取得了重大进展。冷启动性能可以通过启动温度下限和启动时间两个因素来评价。启动时间指的是从停机状态开始启动达到 50% 额定功率输出的时间。对于车用燃料电池,冷启动性能近年来有了显著的改善。本田公司在 2002 年交付了第一辆燃料电池汽车,2004 年实现了 -11℃ 的冷启动。加拿大著名燃料电池供应商巴拉德公司在 2004 年达到了 -20℃ 的冷启动温度。据报道,2005年,韩国现代的途胜燃料电池汽车能够从 -10℃ 启动。2009 年,丰田燃料电池汽车 FCHV-adv 将冷启动极限进一步提高到 -30℃,并在运行期间承受了 -37℃ 的低温。丰田的 Mirai 在冷启动温度为 -30℃ 时,35s 内实现 60% 的功率输出,70s 内实现 100% 功率输出。现代公司在 2018 年推出的 NEXO 燃料电池汽车中实现了 30s 内在 -29℃ 的环境温度下的冷启动。

在国内,中国科学院大连化学物理研究所已经开发完成了适应 -30℃ 冷启动环境的燃料电池材料和结构。上海重塑能源科技有限公司自主研发的燃料电池系统已经可以实现 -15℃ 下的成功启动。2014 年上海汽车集团股份有限公司乘用车公司推出的荣威 950FCV 可以在 -20℃ 的环境温度下正常启动和行驶。2017 年,大通 FCV80

氢燃料电池轻客推出，该车具备－10℃整车冷启动的能力。2018年，申沃牌SWB6128FCEV01型燃料电池城市客车推出。2019年，上汽跃进－30℃使用工况燃料电池物流车完成验收，这也是国内首款能够实现－30℃冷启动的燃料电池汽车。

1.2

燃料电池冷启动常用策略

燃料电池冷启动成功的关键因素是电池本身温升速率与冰积累速率的动态比。目前比较主流的冷启动策略主要包含保温、停机吹扫、辅助加热、自启动等方法：停机吹扫可以减少燃料电池启动前电池内部冰的积累，是现在冷启动必不可少的环节；辅助加热和自启动都是利用大量的热量输入使得燃料电池快速升温，不同的是辅助加热是利用蓄电池和加热电阻对电堆进行加热；自启动则是利用燃料电池本身的化学反应产热提高电堆温度。

保温的目的在于在燃料电池停机之后维持或者减缓温度的降低，确保燃料电池再次启动时温度在冰点以上而且系统内部不能结冰，保温方法主要分为隔离保温和辅助加热。隔离保温需要对燃料电池电堆结构进行改进，添加复杂的绝热结构，成本增加较多，而且电池是一个开口系统，很难达到良好的绝热效果。辅助加热需要对停机后的电堆进行加热，不管是蓄电池加热电阻还是氢氧化学反应加热都会消耗大量能量，经济性差。因此，由于其复杂的结构和较差的经济性保温策略，很少应用于乘用车。

吹扫可以清理燃料电池内部积累的水和冰，调节对冷启动性能有重要影响的膜和催化层初始水含量，改善燃料电池启动前的状态。许多学者通过实验和建模，对吹扫过程进行了研究。吹扫过程可分四个阶段进行描述。首先，吹扫气体流经流道并吹走通道壁上的水滴。其次，利用毛细压力作为驱动力，通过蒸发去除气体扩散层孔隙中的液态水。然后，去除催化层孔隙中的液态水。最后，离聚物中的膜结合水蒸发。随着催化层孔隙中液态水的减少，暴露于气体中的离聚物的表面积增大，进一步加速了膜结合水的去除。Roberts 使用干燥氮气对燃料电池进行吹扫，可以在电池温度降至冰点以下之前将残余的水分吹出，减少燃料电池低温启动前的结冰量。Thompson 使用干燥的反应气对阴极和阳极的气体流道进行吹扫，以减少流道内的残余水分，同时干燥的反应气会产生大量的热量，从而显著增强气体扩散层和催化层的水分蒸发，使得水分的清除更加彻底。

辅助加热利用外部热源加热燃料电池，提升燃料电池温度至冰点以上，然后启动燃料电池，主要有加热电堆、加热反应气体、加热冷却液等方法。Gebhardt 提出在燃料电池的 MEA（膜电极）表面安装电加热丝（由蓄电池供电），MEA 上靠近电加热丝的部分先冷启动，再加热其他的部分，最后使整个电池堆冷启动成功。Honda 提出阴极通入热空气的加热电池组件的方法辅助燃料电池低温启动，但是对燃料电池组件材料的热应变要求比较高。Limbeck 提出加热冷却液的方法辅助低温启动，加热器由燃料电池电堆供电，不需要额外的电源。Martin 在加热冷却液的基础上提出低温启动过程中的冷却循环改为脉冲式循环，可以加速电池温度上升并减少能耗。

自启动策略主要是改变燃料电池工作参数，利用自身反应放热提升温度。Lin 等使用恒电流启动的方式实现了燃料电池在 10s 内从 $-5℃$ 的冷启动以及 55s 内从 $-10℃$ 的冷启动。Jiang 等在燃料电池冷启动过程中采用了恒电压的控制策略，发现其可以显著提高启动过程中的电流密度，从而产生更多的热量，实现 50s 内从 $-30℃$ 的冷启动。Roberts 等通过减少反应气体令燃料电池产生高过电势和大量热量，成功实现了燃料电池低温自启动。Amamou 等利用燃料电池模型找出低温启动过程中燃料电池的最大功率点，并通过试验证明冷启动过程中电池工作在最大功率点优于恒电压和恒电流冷启动控制策略。

根据燃料电池冷启动的研究现状得知，现在的冷启动方式，不管是停机吹扫还是使用外部电源对燃料电池电堆进行加热，都需要对燃料电池系统进行修改，进一步增加了冷启动控制策略试验的成本。为了缩减冷启动性能，提升试错过程的时间和成本，建立适用于燃料电池冷启动过程的燃料电池系统模型是十分有必要的，燃料电池电堆作为燃料电池系统的核心，在冷启动过程中具有复杂的传质、传热等现象，是系统模型建模工作的重点和难点，而且蓄电池作为冷启动辅助加热策略中的关键能量源，也是适用于冷启动的燃料电池-蓄电池混合系统建模不可或缺的一部分。

1.3

燃料电池低温水热分布

　　燃料电池冷启动过程与常温启动的主要差别是燃料电池内水传输现象的不同，由于启动温度低于冰点，生成水的状态会多一个冰相，相变过程相对于常温启动更加复杂，而且不同状态的水对电池启动性能的影响也不同，增加了燃料电池冷启动仿真模型建立的难度。低温启动过程中水传输现象的试验研究与建模仿真是建立燃料电池冷启动模型的关键，因此，中外研究人员对燃料电池冷启动过程中的水传输现象进行了大量的试验与仿真研究。

　　针对冷启动过程中水传输与分布，研究人员进行了大量的相关试验。Ishikawa 等通过试验发现了燃料电池低温启动过程中超冷态水的存在。焦魁等根据对水的冻结行为的观察，介绍了不可结冰水和结冰水的分类，以描述膜中水的状态。在膜中，水含量 λ（通常用于表示膜的吸水水平）定义为每个 SO_3^- 的水分子数。有学者还用 DSC 测定了不同类型水的量。结果表明，除非水含量 λ 高于 4.8，否则水不会冻结。基于水分子与硫酸（$H^+SO_3^-$）之间的结合强化，更详细地将非冷冻水分类为不可结冰水、可结冰水和游离的水。如果含水量不超过 4.8，它可称为不可冻结水，因为它与 $H^+SO_3^-$ 紧密结合。如果水分子与 $H^+SO_3^-$ 松散结合，则可能表现出冰点降低，并且当水含量相对较高时会出现游离水。由于各学者采用的试验方法不尽相同，所以关于冰的形成位置也有不同的结论。MAO等研究认为低温启动过程中冰会首先出现在催化层，但是在催化层含水量饱和之前没有冰生成。JIA等对一个两单体电堆进行−5℃低温启动试验，但是因为催化层被冰堵塞导致电池启动失败。但是，TABE等通过试验发现冰形成位置与启动温度有关：在较低的温度下启动（如−20℃），冰首先出现在阴极催化层；当启动温度接近零点时（如−5℃），冰首先出现在催化层和气体扩散层的交界处。

　　研究人员对冷启动过程中的水传输与分布现象同样进行了大量仿真研究。Huo建立了一个动态分析模型来探索冷启动过程中的水产生机理和相变方式，并建立平衡态和非平衡态模型对水传输及相变进行了仿真模拟。Jiao等建立了三维多相数值仿真模型对燃料电池冷启动过程中不结冰水在催化层和质子交换膜中的分布，研究发现阴极催化层中水含量增加速率较快，而阳极催化层和质子交换膜中水含量增加速率较慢，分析得出低温环境下水生成的速率高于水传输的速率，导致大量的水在阴极催化层积累而无法传输到阳极。Kagami等仿真分析了质子交换膜厚度对冷启动性能的影响，结果表明更厚的膜可以容纳更多的水，并因此更有利于冷启动。Bultel等报道了低温环境下水在气体扩散层中质量传递的研究，并得出结论：在GDL（气体扩散层）中，孔隙中的水可以处于蒸汽、液体和冰的状态。在低于冰点的温度下，液态水的形成可以忽略不计。因此，GDL孔隙中的水可以简单地视为水蒸气和冰。然而，应该注意到，当局部电池温度增加超过水的凝固点（T_f）时，冰将融化成液态水。由于局部温度 T_{local} 和 T_f 的差异，以及蒸汽压及水饱和压力，GDL 中不同水状态之间的相变可能发生。当 T_{local} 高于 T_f 并且存在液态水或蒸汽时，液态水和水蒸气将相互转化。如果蒸汽压低于饱和压力 p_{sat}，则液体将蒸发形成气体，否则水蒸气将冷凝成液体。当 T_{local} 低于 T_f 时，冰和水蒸气之间的相变发生，当水蒸气压力高于饱和水蒸气压力 p_{sat} 时水蒸气将凝结成冰。在 CL（催化层）中，当局部压力低于单体温度下的水的 p_{sat} 时，液体水和蒸汽可以被吸收；当 T_{local} 低于 T_f 时，不管局部压力低于或高于 p_{sat}，液态水或蒸汽都可凝结或凝华成冰。值得注意的是，在 CL 中存在小孔的情况下，通过增加水的表面动力学可以降低水的 T_f。在流道中，水的状态相对简单。由于冰在 CL 和 GDL 中形成，因此流动通道中的冰可以忽略，因为它远低于 CL 和 GDL 中的冰含量。所以，流动通道中只有蒸汽和液态水，它们可以相互转化。如果冷启动过程中供应的是非加湿气体，则液态水的含量非常低，也可以忽略不计。

基于本节对于冷启动过程中水的状态与分布研究，表 1.1 总结了质子交换膜燃料电池不同位置可能存在的水的状态。

表 1.1　冷启动过程中 PEMF 内水的状态

组件	区域	水的状态
质子交换膜	离子交联聚合物	冰、液态水、水蒸气、不可结冰水、可结冰水
催化层	孔和离子交联聚合物	冰、液态水、水蒸气、不可结冰水、可结冰水
气体扩散层	孔	冰、液态水、水蒸气
流道	流道内	液态水和水蒸气

1.4

燃料电池低温模型简介

　　质子交换膜燃料电池是一个非线性、强耦合、受环境影响比较大的复杂系统，其输出性能涉及流体力学、热力学、电化学等多个领域，其输出特性受到多种因素的影响，尤其是冷启动工况下的输出特性更会受到水的传输和相变的影响。为了研究燃料电池低温情况下的输出特性和启动策略，建立相应的模型是必不可少的手段。基于模型的空间尺寸，可以将燃料电池低温仿真模型分为一维、二维、三维模型。一维模型主要对燃料电池厚度方向上进行建模，由于厚度方向是水和反应气体的主要传递方向，所以一维模型可以较为准确地反映电池内的传热和传质现象。二维模型比一维模型多考虑一个方向，考虑电池某一切面上的传递与分布，一般用于流道方向的物质传输现象。不管是一维还是二维模型，都是基于三维模型的简化，可以在计算量一定的前提下提供较为准确的仿真结果。三维模型可以准确反应空间范围内的传热传质与分布，可以获得较为准确与全面的仿真结果。但是三维模型需要耗费庞大的计算能力和仿真时间，所以三维模型一般用于单流道单体模型的仿真，分析其内部的传递机理。

　　为了研究燃料电池冷启动过程中的物理现象和特性，研究人员建立了大量的三维冷启动模型，三维建模的主流软件有 ANSYS/Fluent、COSMOL 等商业有限元软件。

Mao 等建立了一种三维多相瞬时模型，用来描述冷启动过程中的物质传输和电化学反应，并且根据 Tajiri 等的等温冷启动实验数据对模型进行了验证。基于 Mao 等的工作，Jiang 等对 PEMFC 进行了非等温冷启动仿真，并评估了不同设计和运行参数对冷启动性能的影响。Ko 等建立了三维非等温模型，考虑了冷启动条件下耦合电化学传输，比较燃料电池中石墨双极板和金属双极板的冷启动行为。最终，冷启动仿真结果表明，与传统的石墨双极板相比，使用金属双极板有利于提高燃料电池冷启动性能，因为其热质量较低。有学者还分析了阴极催化层设计参数对燃料电池的冷启动性能的影响，表明设计具有较高离聚物部分的阴极催化层可以有效提升燃料电池冷启动性能。Jiao 等建立了一个三维多相模型，考虑了水的不同状态：水蒸气，液态水，冰，不可结冰膜含水，可结冰膜含水。该模型描述了膜中的水结冰，离子交联聚合物中的水与催化层孔隙中的水之间的非平衡质量传递，以及催化层和气体扩散层中水的结冰和融化等现象，而且模型成功地拟合了 Tajiri 等在启动温度为 -10℃（冷启动失败）和 -3℃（成功冷启动）时测得的温度变化曲线。该模型还可用于评估不同设计和运行参数对燃料电池冷启动性能的影响，研究表明增加阴极催化剂层中的离子交联聚合物部分比增加膜厚度对减少冰产生更显著的影响。Luo 等基于 Jiao 等的工作，开发了一种用于车载燃料电池的三维多相燃料电池电堆模型。模型仿真结果表明，具有更多电池单体的电堆具有更好的性能，当反应气体均匀供应时，电堆数量越多电池电压降低得更慢，温度增加更快，并且电堆中的不同单个电池之间电压一致性更好。Gwak 等通过引入结冰/融化现象和相应的本构关系，建立了三维模型。利用该模型对燃料电池从 $-20 \sim 80℃$ 进行了冷启动瞬态模拟，并且成功预测了冷启动的各个阶段，即冰的形成和生长，冰的融化和膜水合及脱水等现象。Chippar 研究了电堆内靠近端板的单体和位于电堆中部的单体在冷启动过程中的性能表现差异，所以需要对燃料电池电堆中不同位置的单体进行单独建模。Wen 等利用单电池模型仿真得到温度分布不均匀性与电流密度相关，在较低的电流密度下，电池内温度可以近似均匀。朱蓉文等使用 Fluent 模拟了一个10 个直流道的燃料电池单体，研究了工作电流以及阴极气体加湿程度对电池内膜平面上温度分布的影响，得到了在较高的电流密度下，最高温度和温度分布的不均匀性都比较大，阴阳极不同湿度的加湿气体对膜温度分布的影响基本一致。陈士忠使用 COMSOL Mutiphysics 软件对不同电池温度的四流道蛇形流场燃料电池进行了数值仿真，得到了不同电池温度下垂直膜电极的温度分布情况。

综上所述，三维燃料电池模型可以很好地反映燃料电池在冷启动过程中水热传输与分布，但是由于计算量和仿真时间的限制，目前三维模型主要是针对单流道单体进行建模，电堆层面的三维模型网格数量巨大，仿真时间长，而且仿真模型收敛难等问题是三维模型的缺点。而且三维模型基本是基于有限元软件建模，只能分析简单的边界条件与电堆结构参数对冷启动的影响，很难用于冷启动控制策略的优化。

一维模型主要是对燃料电池厚度方向建模，计算量与仿真时间大幅缩短，一维模型主要分为集总参数模型、一维水热传递模型、分层集总参数模型。集总参数模型将燃料电池假设为温度均匀的开口系统，考虑电池与外部环境的传质与传热，一定程度上可以用于电池系统的热管理，但是集总参数模型不能反映电堆内单体之间和单体内部各层之间温度分布的不均匀性，对温度依赖的电池输出性能估计误差较大，尤其对于温度决定的燃料电池冷启动性能估计误差更大，不适用于低温冷启动燃料电池模型。

Wang 考虑了电化学动力学、物质传输和冰的形成，建立了一维模型，定义了一个用于冷启动的三步电极进程，并分析了结冰体积分数和温度变化对电池冷启动性能的影响。Zhou 等建立了一维电堆冷启动模型，并基于模型分析了不同外部加热位置对电池冷启动性能的影响。研究结果表明，对电堆外部进行均匀加热并不是最优的加热方式，同样的加热功率前提下，加热电堆中部比加热电堆两端更有利于电堆冷启动成功，可以缩短冷启动时间而电堆温度分布更加均匀。李友才等基于建立的一维模型，对电池冷启动性能影响因素进行了分析。研究结果表明，改变电堆两端加热功率对电堆温度分布特别是最低温度单体的温度分布影响较小，说明加热电堆两端对电堆冷启动性能的提升不明显；改变进气的温度，电堆温度也会随之发生变化，而且进气温度越高，冷启动时间越短，因此得出结论，加热进气是一种简单、有效的冷启动辅助启动策略。Luo 等对三维数值仿真模型简化，在 ANSYS/Fluent 中建立了燃料电池一维冷启动模型，模型考虑了热传递、膜水传输、液态水传输、气体扩散和水结冰现象，并基于模型分析不同启动温度等参数对启动性能和水热分布的影响。与早期的一维模型相比，该模型考虑了更多的低温下水热传输现象，能够更加精确地预测电池冷启动性能，可以分析更加多的参数对冷启动性能的影响。基于该一维冷启动模型，Luo 等还分析了氢氧混合气体在催化层反应放热时对电池冷启动性能的影响。Khandelwal 等建立了一个包含传导和对流传热的一维模型。可以模拟各种工作条件对电堆冷启动性能的影响，例如工作电流密度、进气温度和外部加热等。同时他们还分析了电堆单体数量对冷启动时间和能耗的影响，发现随着小电池堆中电池数量的增加（少于 10 个电池），电堆启动时间和消耗能量急剧下降。当电堆单体的数量超过 20 个时，电池数量不再对燃料电池冷启动特性有明显的影响。

M. Sundaresan 建立了燃料电池电堆准一维分层水热模型，将电堆中的单电池分为质子交换膜、催化层、气体扩散层、双极板、反应气体、冷却流道。并针对每层的物理特性建立质量守恒模型、能量守恒模型，但是该模型假设生成的水只有液态和气态两相，没有考虑冰的生成、积累以及三相水之间的复杂相变。由于固态水的积累和相变对燃料电池冷启动性能有着决定性的影响，所以该模型只适用于常温燃料电池启动仿真研究，需要对其进行大量改善才能将其应用于燃料电池冷启动过程的仿真研究。Qing Du 建立了一个一维分层电堆冷启动模型，可以用于研究恒流、恒压和最大功率等冷启动控制策略。模型考虑了冷启动下主要的水传输现象：水的结冰与融化、水的蒸发和液化等现象。研究发现，最大功率启动策略不同于恒电流和恒电压控制策略的低电流密度，最大功率启动策略启动电流密度较高，导致大量水的快速生成，进而导致大量冰的生成，因此电池冷启动失败时持续的时间较短。但是研究表明，最大功率启动策略可以更好地平衡热量和冰总量，冷启动成功的时间更短，而且冷启动成功的可能性更高。

综上所述，燃料电池三维模型由于计算量和仿真时间的限制，建模尺寸和规模受到限制，很难被用于燃料电池冷启动控制策略的优化。燃料电池一维模型主要针对燃料电池厚度方向上的热传递建模并基于模型分析电池工作参数和结构参数对冷启动性能的影响。一维水热传递模型假设单体内部各层之间连续，对单体内部层与层之间的传热现象进行简化。随着冷启动研究的深入，燃料电池单体内各层之间温度的差异对于三相水的传输与相变的影响越加重要，因此建立一个能够准确反映冷启动过程中电池单体内各层之间传热传质的一维冷启动模型显得尤为重要。而且目前的一维模型大多基于三维有限元仿真模型简化，模型仿真环境多为有限元仿真软件，只能基于模型简单分析不同工作参数和电池结构参数对冷启动性能的影响，很难用于燃料电池冷启动控制策略的优化。为了使建立的仿真模型能够用于更多冷启动问题的解决，在MATLAB/SIMU-LINK环境下建立一维分层仿真模型显得更加有意义。

1.5

蓄电池低温模型介绍

三元锂离子电池兼备镍酸锂电池、锰酸锂电池和钴酸锂电池的优点，在一致性、能量密度、循环性能等方面具有较大的优势，逐渐作为汽车的动力电池被广泛地认可和推广。特别是 2015 年中华人民共和国工业和信息化部提出了将锂离子电池比能量提高至 180kW/kg，这对锰酸锂和磷酸锂电池来说是几乎无法实现的。由于汽车的工作环境相对比较复杂，温度的变化范围比较大，而锂离子电池对于温度的变化比较敏感，特别是低温环境下锂离子电池的容量、充放电内阻和开路电压都会有明显的性能衰减。特别是燃料电池汽车的冷启动问题的解决已经迫在眉睫。为了更好地进行电动车或者电-电混合的燃料电池汽车低温性能的仿真和预测，建立一个温度依赖的、具有较高准确度的、计算复杂程度相对较小的蓄电池模型是十分必要的。

车用动力锂离子电池内部的化学反应比较复杂，如何进行精准性能预测、故障检测、寿命估计等一直是难点和重点。针对不同的问题有不同层次的电池模型，常见的锂离子电池模型根据模型的复杂程度和精细程度从低到高可分为经验模型、单粒子模型、准二维机理模型及分子原子级别模型。分子、原子级别的模型是由 Doyle 等在 1993 年提出的，被广泛应用于电池领域，但是模型复杂程度高，计算成本大。所以研究人员对模型进行了简化，提出了单粒子模型、多孔电极模型等。此类模型可以反映电池内部的化学反应和电池设计参数对性能的影响，通常被用于电池结构参数的优化，不适用车载动力电池的控制设计。等效电路模型利用电气元件反映锂离子电池的输入输出特性，更加直观方便，是目前应用较为广泛的电池模型。

因为其简易性和普遍适用性，蓄电池等效电路模型被广泛应用在蓄电池控制和估计中，然而，现有的等效电路模型很少考虑温度对电池性能的影响，尤其是低温下电池的性能，而且等效电路模型的模型参数和温度的函数关系很难确定，所以大部分等效电路模型只适用于特定的温度下。Bazinski 等将模糊逻辑的方法适用于蓄电池模型，利用模糊关系而不是准确的函数关系来确定温度和蓄电池性能之间的关系。罗玲等也研究了温度对等效电路模型参数的影响，将模型的参数表示为温度和 SOC（荷电状态）的非线性函数，但是函数表达过于复杂，不适用于 SOC 的估计和控制等应用。

综上所述，三元锂离子电池因其复杂的化学现象和不同电池之间的差异，很难建立一个能够适用于不同温域和不同型号的机理模型。目前锂离子电池模型大多基于某一特性型号，针对特定问题和温度范围进行建模，否则模型将过于复杂，无法应用于控制策略的制定和实施。所以基于某一特定锂离子电池低温试验数据对等效电路模型进行修正是建立三元锂离子电池低温输出/输入性能估计模型简单且有效的选择。

第2章

燃料电池-蓄电池
混合系统结构

2.1

燃料电池结构与性能

2.1.1

燃料电池结构与工作原理

质子交换膜燃料电池单体主要有质子交换膜（PEM）、催化层（CL）、微孔层（MPL）、扩散层（GDL）、双极板（FFP）（图 2.1）。其中的质子交换膜、阴极和阳极催化层、阴极和阳极气体扩散层组成膜电极（MEA），作为燃料电池的主要结构。微孔层的引入主要是为了解决燃料电池的冷启动性能差的问题，在气体扩散层和催化层之间增加微孔层，可以一定程度上增加燃料电池单体的水、冰容量，有利于电池的水管理，提高燃料电池的冷启动性能。

质子交换膜是燃料电池最为重要的组件，它的微观结构极为复杂，其厚度根据不同的电池规格会有不同，但是一般会在 0.05～0.18mm 之间。质子交换膜最重要的是选择透过性，它允许 H^+ 通过并且阻止其他的分子通过，如氢气、氧气等反应气体。但是质子交换膜要正常工作需要保持一定的水含量，这样才能保持选择透过性，这也是燃料电池水热管理的重点内容。

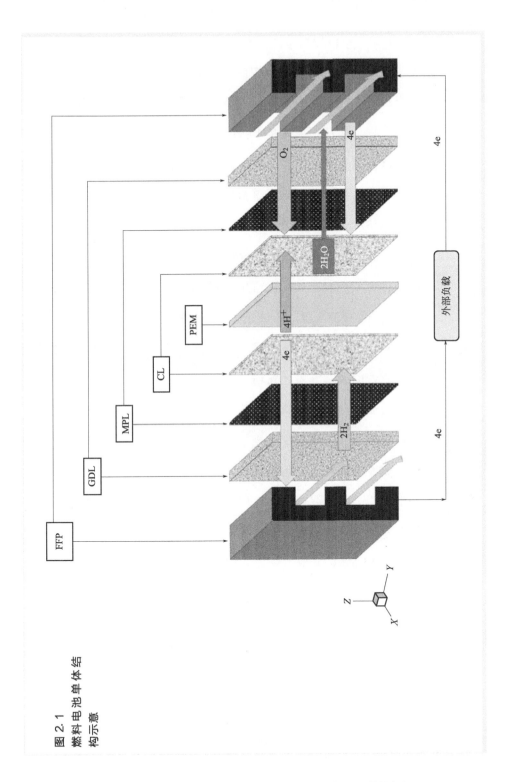

图 2.1
燃料电池单体结构示意

PEMFC 催化层是三相化学反应进行的场所，在反应过程中会产生大量的水，其内部结构复杂，而且是无规则的多孔结构，使得自身有较大的反应表面积，加速化学反应的进程。分布在催化层上的是一种催化剂，通常是 Pt 或者 Pt/C 混合物。

微孔层是催化层和扩散层之间的微孔结构，它是一种特殊的溶液层，它的存在可以提高燃料电池的水管理的特性，改善电池内部水分布情况，防止出现水淹、干膜等现象。

扩散层是一种多孔的合成材料，一般由导电材料（一般为碳质）制作而成，是反应气体通往催化层的通道。经过扩散层之后气体的均匀性会得到明显的改善，进而使得反应平稳进行。

双极板是反应气体的通道的载体，它与反应气体运输总管连接在一起，能够对气体起到均匀分配的作用。

集流板是固定在阴阳极的一对镀金金属板材，用来收集电子并进行导流。

一般的燃料电池还需要布置液体冷却流道，流道中的液体主要是水与乙二醇的混合物，它们在流道中的往复循环会把电池产生的废热带走，从而控制电池的温度。

在 PEMFC 反应过程中，阴极、阳极分别通入空气和氢气，其阳极和阴极的电化学反应方程式分别是

$$H_2 \Longleftrightarrow 2H^+ + 2e \tag{2.1}$$

$$\frac{1}{2}O_2 + 2H^+ + 2e \Longleftrightarrow H_2O \tag{2.2}$$

所以质子交换膜燃料电池总的化学反应方程式为

$$2H_2 + O_2 \Longleftrightarrow 2H_2O \tag{2.3}$$

燃料电池-蓄电池
混合电源系统低温启动建模

2.1.2

燃料电池输出性能

　　PEMFC 的输出性能可以用电流-电压特征曲线（极化曲线）表示，极化曲线可以表示特定温度下电池电压随电流变化的关系。在标准状况下，单个燃料电池的电压最高可以达到 1.23V。但是由于燃料电池在运行过程中会存在电压损失，所以电池输出的电压最大值会低于理想值。一般来说，燃料电池的电压损失主要有三种形式：由电化学反应引起的活化损耗，也称活化极化；由离子和电子传导引起的欧姆损耗，也称欧姆极化；由质量传输引起的浓度损耗，也称浓差极化。燃料电池的实际输出电压可以表示为

$$U = E_{\text{Nernst}} - U_{\text{act}} - U_{\text{ohmic}} - U_{\text{con}} \qquad (2.4)$$

　　式中，U 是燃料电池实际输出电压；E_{Nernst} 是热动力电势，也称能斯特电压，是燃料电池基于热力学和电化学理论得出的最大可能输出出电压；U_{act}，U_{ohmic}，U_{con} 分别代表活化损耗电压、欧姆损耗电压和浓差损耗电压。

　　如图 2.2 所示是特定温度下燃料电池的极化曲线，并且标明了各种电化学损失发生的区域。在较低的电流密度下极化损失主要由于活化损失引起，随着电流密度的增加，欧姆损失逐步增加，当电池工作电流密度较大时浓差极化损失快速增大导致输出电压快速下降。根据图 2.2 还可以直观地看到不同工作点时燃料电池

的输出功率以及产生的热量，随着电流密度的增加电池的功率先增大后降低，但是电池产生的热量随着电流密度的增加是单调增大的。

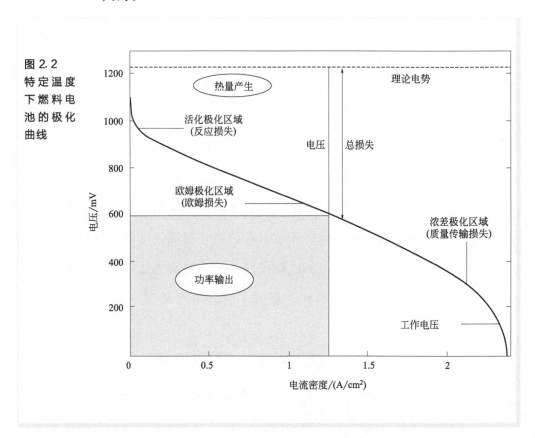

图 2.2
特定温度下燃料电池的极化曲线

如图 2.3 和图 2.4 所示是燃料电池在不同温度下的极化曲线和功率密度曲线。可以看出，随着温度的降低，极化曲线的下降趋势越来越明显，电池的功率密度峰值越来越小，而且电流密度区间明显缩小，说明电池的输出性能越来越差。结合两张曲线图，可以看出低温对燃料电池的极化曲线和功率输出有较大的影响，所以低温冷启动性能的提升是燃料电池研究无法避免的问题。

燃料电池-蓄电池
混合电源系统低温启动建模

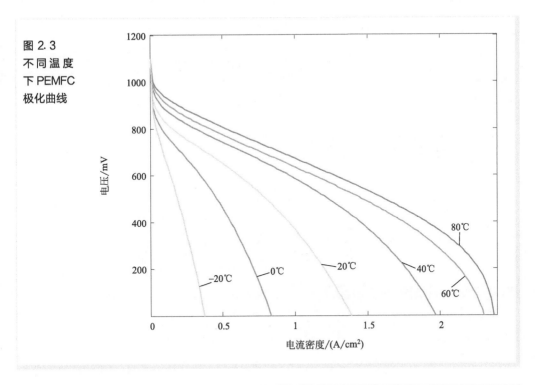

图 2.3
不同温度
下 PEMFC
极化曲线

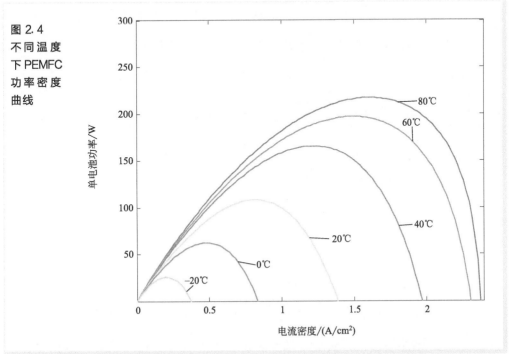

图 2.4
不同温度
下 PEMFC
功率密度
曲线

2.2
燃料电池系统结构

2.2.1
通用燃料电池系统结构

为了使燃料电池能够正常、稳定地工作，除了燃料电池电堆之外还需要辅助系统进行辅助，主要包括：气体供给系统、冷却循环系统以及控制系统等几个部分，其示意见图2.5。

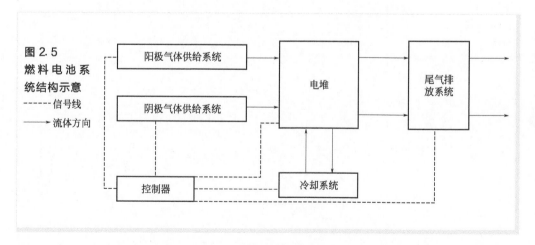

图 2.5
燃料电池系统结构示意
------- 信号线
——→ 流体方向

氢气供应系统作为车用燃料电池系统的重要组成部分，负责将质子交换膜燃料电池的燃料，高效而且安全地输送到电堆内部。车用燃料电池氢气供给系统示意如图 2.6 所示。一般氢气储存在高压氢罐中。氢气的储存主要有压缩、可逆金属化合物、碳纳米纤维和低温液态储存等方式，四种方式各有各的特点：压缩储氢是比较简单也是应用比较广泛的一种储氢方式，但是其有储氢量小、设备质量大等缺点；可逆金属化合物能够利用金属和氢气进行可逆反应进行储氢及释放，这种方式具有安全性高、单位体积储氢量大等优点，但是目前技术应用存在一些问题；碳纳米纤维因为其特殊的结构可以容纳大量的氢气，其结构的复杂性导致气体的释放是一个难题，但是碳纳米纤维仍被看作是未来储氢的重要手段；液态储氢在液化氢气的过程中需要消耗大量的能量，而且在储存和释放的过程容易造成气体的泄漏，存在较高的危险性。

一般质子交换膜的耐压能力的范围为 $0.6 \sim 1.2$ bar（1bar＝10^5Pa，下同），因为氢罐中氢气的压力较高，需要进行二级降压。第一级利用氢罐自带的减压阀将压力降至 0.5MPa，第二级利用氢气供应系统中的减压阀将压力降至合适的范围。为了燃料电池能够高效地工作，需要将阳极流道中生成的水和杂质气体定期通过排气阀排出。

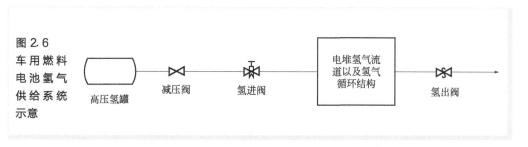

图 2.6
车用燃料电池氢气供给系统示意

质子交换膜燃料电池的阴极燃料可以是空气和氧气。纯氧一般应用于一些特殊的环境，例如缺乏空气来源的潜水艇燃料电池。而且氢氧燃料电池的气体供应系统的结构更加复杂，所以一般情况下质子交换膜燃料电池会采用空气作为阴极的燃料。使用空气作为氧化剂可以避免阴极燃料的提取和储存问题，简化了进气系统的结构，降低了成本，而且空气中的其他气体多是惰性气体，对燃料电池没有影响。

如图 2.7 所示，空气供给系统主要有空气过滤器、空气压缩机、空气冷却器、加湿器等辅助部件。空气过滤器主要是为了阻止空气中的杂质进入电堆，保证反应气体的纯净。空气压缩机主要是将常压下的空气增压到阳极氢气的压力，冷却器主要负责将空气压缩机中流出的高压、高温气体冷却到燃料电池正常工作温度，防止高温的气体损伤燃料电池。加湿可以提高反应气体的湿度，而且加湿后的反应气体会提高燃料电池的性能。

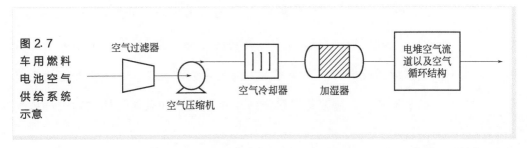

图 2.7
车用燃料
电池空气
供给系统
示意

电堆在大功率工作时会产生大量的热，可导致燃料电池温度上升，过高的温度会导致质子交换膜"膜干"，更严重的会导致膜脱落，造成氧气和氢气的混合，降低电池的耐久性，所以需要对电堆的温度进行控制调节，使其工作在合适的温度范围内。冷却系统主要包括循环水泵、冷却液、散热器三个部分，现在采用的冷却剂一般是去离子水，在循环水泵的驱动下将电堆的热量带到散热器，并释放到环境大气中。为了对压缩后的空气进行冷却和控制阳极氢气

燃料电池-蓄电池
混合电源系统低温启动建模

的温度，冷却循环还会经过氢换热器，车用燃料电池冷却循环示意如图 2.8 所示。

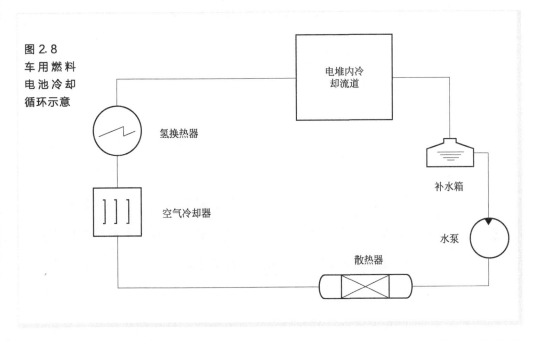

图 2.8
车用燃料
电池冷却
循环示意

燃料电池正常工作时需要控制系统的有效控制，控制系统会接收各类传感器反馈信号，如温度、湿度、流量、电流、电压等信号，制定相应的控制策略，并输出控制命令给对应的电磁阀、空压机等辅助部件，维持电堆稳定正常工作。

2.2.2

适用于冷启动的燃料电池系统结构

对于燃料电池的冷启动策略，从停机到启动的过程来看，冷启动策略包括：吹扫、保温、外部加热以及自启动。其中除了自启动冷启动策略之外都需要对燃料电池的系统进行修改。但是保温措施只能在短时间内减缓电堆的温度下降速率，长时间停机后效果不明显。另外保温措施要求密封性较高，难以实现而且增加了系统的成本和体积，所以保温措施并不是应用于车载燃料电池的冷启动。

与保温措施不同的是，停机吹扫已经成为燃料电池冷启动过程中必不可少的环节，旨在降低冷启动之前的残余水，减少冷启动过程中冰的生成。吹扫虽然简单易行，但是吹扫时间过长，能耗较大，降低系统的效率。

辅助加热主要是利用外部的热源对电堆进行加热，如水循环系统中加入电热丝、动力系统中加装氢氧燃烧室、电堆端板嵌入热阻等。自启动加热主要是利用化学反应中同步产生的由计划损失、欧姆损失、浓差损失带来的废热进行加热和升温。丰田公司通过限制启动过程中反应气的供给来增加浓差损失进而提高温升，该方法比原来正常启动产热提高了 10～20 倍，丰田 FCHV-adv 采用此方法后确保其冷启动能力可以延伸到 -30℃。

为了满足现有燃料电池冷启动策略的实施，本书修正了燃料电池系统结构，如图 2.9 所示。

车用燃料电池系统一般由电堆、空气压缩机、增湿器、散热器、氢罐、冷却器等装置组成。

为了能够满足燃料电池停机吹扫的需求，本书在系统中添加了阴极空气到阳极的通道，并且考虑到低温下空压机中流出的空气的温度不会过高，所以添加了旁通空冷器和加湿器的通道，而且经过空气压缩机的相对高温、高压的空气可以作为电堆的外部热源输入，加速电堆的温升过程。为了对冷启动过程中的冷却液进行加热，

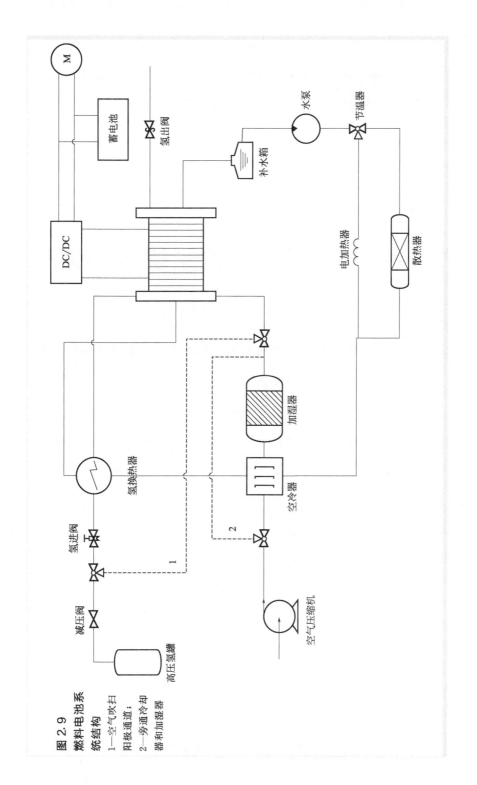

图2.9
燃料电池系统结构
1—空气吹扫阳极通道；
2—旁通冷却器和加湿器

本书在冷却循环的小循环中加入了加热电阻，以求利用相对高温的冷却液提高电堆的温度，加热电阻的能量来源可以是外部电源，或者直接连接蓄电池进行加热。

2.3

燃料电池-蓄电池混合系统模型架构

蓄电池作为燃料电池与蓄电池混合系统的重要动力源，需要对其低温下的功率输出进行建模，确保其能在低温仿真过程中能够准确地反映蓄电池的功率输出性能，为整个系统的仿真提供正确的功率输出。不管是作为辅助启动加热电阻的电源还是作为车辆动力系统的动力源，蓄电池正确的功率输出才能保证燃料电池正确的热量输入和功率需求。通常，蓄电池与混合系统中的其他组成部件没有直接的接触和热量的交换，所以蓄电池模型的输入/输出确定为需求功率和实际输出功率。

蓄电池功率计算一般由三部分组成：SOC 计算模块、温度计算模块、工作电流和电压计算模块。确保模型计算得到的电流和电压符合蓄电池实际输出能力，通常蓄电池模型中还会加入功率限制模块。各个模块之间的数据传输与结构如图 2.10 所示。

燃料电池电堆作为混合系统的核心部件，需要对其进行详细准确的建模。燃料电池是一个非线性、多输入、强耦合的复杂装置，

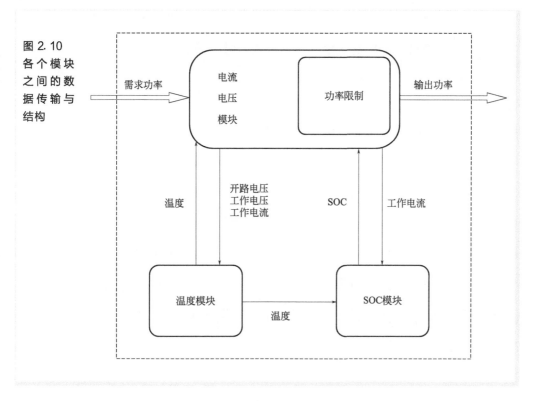

图 2.10 各个模块之间的数据传输与结构

是一个包含固、液、气三相的混合流体流动、传质、传热和电化学反应的动态过程，具有较高的建模难度。

不同于蓄电池只有一个输入和输出，燃料电池作为供气系统和冷却系统中的重要部件，有阳极和阴极反应气体的输入输出、冷却液的输入输出、功率需求的输入以及实际输出功率，而且燃料电池作为主要的热源还要来考虑其与环境之间的换热，模型的接口相对复杂。模型内部需要建立水平衡和热量平衡模型来考虑燃料电池工作过程中水的分布和温度的变化，在冷启动过程中水的传输和相变需要重点考虑，更重要的是冷启动过程中温度的变化，温度模型的准确与否是模型能否正确反映燃料电池冷启动性能的关键，所以需要对燃料电池的温度分布与变化进行详细准确的建模。当然还需要建立极化曲线模型计算燃料电池的电压损失，进而得到电池的功率输出。燃料电池单体模型结构示意如图 2.11 所示。

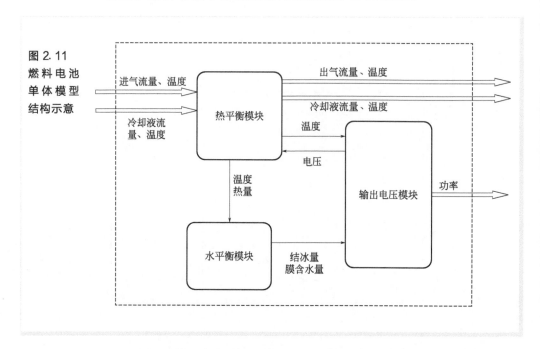

图 2.11
燃料电池
单体模型
结构示意

由于燃料电池电堆由若干单体串联而成，所以建模时需要先对单体进行建模，然后基于单体模型和单体之间的联系建立电堆模型。因为电堆不同位置的单体的温度不同，进而导致输出电压不同，所以电堆模型不能直接简化为单体性能乘以单体数量的形式，需要考虑到每个电池的工作状态，进而求和得到电堆的性能，尤其是电堆之间的热量交换需要进行准确建模。燃料电池电堆模型结构示意如图 2.12 所示。

燃料电池的输出性能不只与电堆本身的结构和材料有关，还与其辅助系统有关。供气系统为燃料电池的正常工作提供必要的燃料，冷却系统控制燃料电池的温度使得电堆可以工作在合适的温度范围内。供气系统模型主要对反应气体在管道中以及经过各个辅助部件后的状态进行计算，计算供气系统中气体的参数主要包含流量、

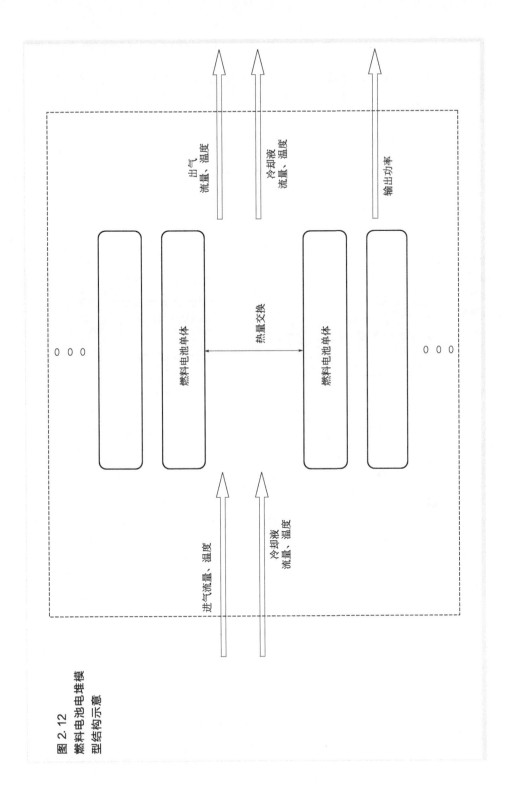

图 2.12
燃料电池电堆模型结构示意

温度、湿度、压力等。冷却系统模型主要对冷却液的状态进行计算，重点计算冷却液与电堆、换热器等部件之间的换热。为了适应燃料电池冷启动控制策略，还需要建立辅助加热系统模型计算为燃料电池输入的外部热量。

结合以上关键部件的模型以及供气系统和冷却系统，建立燃料电池-蓄电池混合系统模型结构示意，如图 2.13 所示。

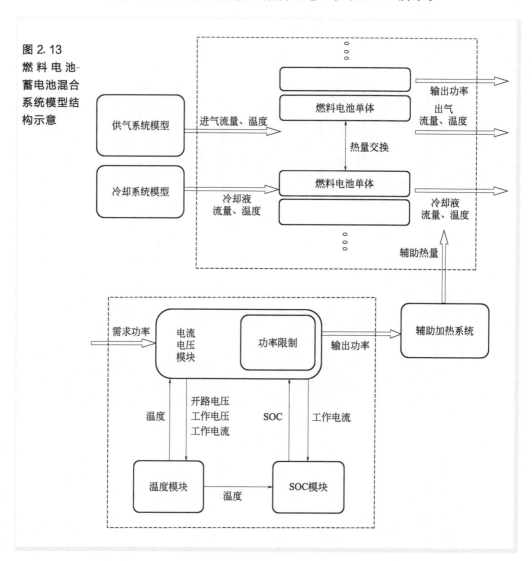

图 2.13
燃料电池-
蓄电池混合
系统模型结
构示意

2.4

本章小结

　　本章对燃料电池以及燃料电池系统进行了分析，将蓄电池引入燃料电池系统，提出了适用于冷启动的燃料电池-蓄电池混合系统模型，并基于前一章的内容，建立了混合系统模型架构，包含关键部件之间的接口以及部件内部的结构和数据流，为本书后续建模工作指明道路。

第3章

供气系统和冷却系统关键部件热力学模型

本章主要介绍燃料电池关键辅助部件的建模，其中包括供气系统的空气压缩机、气体供气管道、增湿器以及冷却系统中的空冷器、氢气热交换器、节温器、散热器、冷却循环泵的建模。

3.1

供气系统热力学模型

3.1.1

空气压缩机

车用燃料电池系统中最常用的空气压缩机是离心式压缩机，可以在较大流速范围内获得较高压缩效率。压缩机的效率对于燃料电池系统整体效率的提升有明显的影响，从压力 p_1 增加到 p_2，压缩机系统的实际绝热做功可根据式(3.1) 计算。

$$\frac{T_2}{T_1} = \left(\frac{p_2}{p_1}\right)^{\frac{\gamma-1}{\gamma}} \tag{3.1}$$

式中，T_1 是压缩前的温度；T_2 是等熵过程的温度；γ 是气体的比热容比 $\gamma = c_p / c_V$。

在压缩过程中，从压缩机流入环境的热流以及气体的动能应该

燃料电池-蓄电池
混合电源系统低温启动建模

忽略不计，气体应该被认为是理想气体，因此在一定压力下，它的比热容保持不变。

因此系统实际做功可以表示为

$$W = c_p (T_2 - T_1) \dot{m} \tag{3.2}$$

式中，$\dot{m}$ 是被压缩气体的质量流量；T_1，T_2 分别是压缩机入口和出口的温度；c_p 是气体的比定压热容。

压缩机的效率为绝热压缩功与实际消耗功的比值。

$$\eta_c = \frac{c_p (T_2 - T_1)}{W_{act}} \tag{3.3}$$

压缩机的出口温度可以通过以下方程求解。

$$\Delta T = T_2 - T_1 = \frac{T_1}{\eta_c} \left[\left(\frac{p_2}{p_1} \right)^{\frac{\gamma - 1}{\gamma}} - 1 \right] \tag{3.4}$$

压缩机总的效率为轴的机械效率与压缩效率的乘积。

$$\eta_T = \eta_m \eta_c \tag{3.5}$$

用来加热空气的功率为

$$W = c_p \Delta T \dot{m} \tag{3.6}$$

考虑压缩机的绝热压缩，综合以上公式得到压缩机的实际功率为

$$P_{comp} = c_p \frac{T_1}{\eta_c} \left[\left(\frac{p_2}{p_1} \right)^{\frac{\gamma - 1}{\gamma}} - 1 \right] \dot{m} \tag{3.7}$$

在设计燃料电池系统时，压缩机往往需要选用已有的商业化产品，那么选择过程中要考虑到的因素有温度、压缩比、能压缩气体的类型、可靠性以及是否具有良好的密封和防腐功能。

3.1.2

气体供应管道

燃料电池阳极气体供应管道和回流管道非常短，不单独建立阳极管道模型，但阴极回路中包含空气压缩机、增湿器等关键辅助部件，所以需要对阴极管道建立模型。

根据质量守恒定律建立供应管道模型如下。

$$\frac{\mathrm{d}m_{sp}}{\mathrm{d}t} = F_{cp} - F_{sp} \tag{3.8}$$

式中，F_{cp} 是流入阴极气体供应管道的质量流量；F_{sp} 是流出阴极气体供应管道的流量；m_{sp} 是在阴极气体供应管道中积累的气体质量。

气体供应管道压力微分方程为

$$\frac{\mathrm{d}p_{sp}}{\mathrm{d}t} = \frac{\gamma R_a}{V_{sp}} (F_{cp} T_{cp,out} - F_{sp,out} T_{sp}) \tag{3.9}$$

式中，p_{sp} 是供应管道的压力；V_{sp} 是供应管道容积；R_a 是空气气体常数；T_{sp} 是供应管道的温度。

由于供应管道出口压力和阴极压力差别较小，本书采用线性喷嘴方程计算供应管道出口质量流量 F_{sp} 为

$$F_{sp} = k_{sp,out}(p_{sp} - p_{ca}) \tag{3.10}$$

式中，$k_{sp,out}$ 是供应管道孔口常数。

3.1.3

空气冷却器

一般离开空气压缩机的气体温度较高，导致供应管道温度上升，为了防止高温对质子交换膜产生损坏，压缩后的控制需要冷却至电堆工作温度，但是对于冷启动工况下，不需要对空气进行冷却。假设空气通过冷却器时没有产生压降，并且温度的变化不会影响空气的质量，基于假设可以得到在冷却器中的气体质量流量不会发生变化。但是温度的变化会影响空气的相对湿度，因此空气离开冷却器时的相对湿度为

$$\varphi_{cl} = \frac{p_{cl} p_{v,atm}}{p_{atm} p_{sat}(T_{cl})} = \frac{p_{cl} \varphi_{atm} p_{sat} T_{atm}}{p_{atm} p_{sat} T_{cl}} \qquad (3.11)$$

式中，φ_{atm} 是常压下空气的相对增湿度；p_{cl} 是冷却器内空气的压力。

水蒸气的分压和干燥空气的分压可以通过式(3.12)计算得到。

$$p_{a,cl} = p_{cl} - p_{v,cl}$$
$$\qquad (3.12)$$
$$p_{v,cl} = \varphi_{cl} p_{sat} T_{cl}$$

离开冷却器的干燥空气的质量流量 $F_{a,cl}$ 和水蒸气的质量流量 $F_{v,cl}$ 分别为

$$F_{a,cl} = \frac{1}{1 + w_{cl}} F_{cl}$$

$$F_{v,cl} = F_{cl} - F_{a,cl} \qquad (3.13)$$

$$F_{a,cl} = \frac{M_v}{M_{a,cl}} \times \frac{p_{v,cl}}{p_{a,cl}}$$

式中，M_v 是水蒸气的摩尔质量；$M_{a,cl}$ 是冷却器内干燥空气的摩尔质量，可以通过式 (3.14) 计算得到。

$$M_{a,cl} = y_{O_2} M_{O_2} + (1 - y_{O_2}) M_{N_2} \qquad (3.14)$$

3.1.4

增湿器

增湿器模型用于计算由于新的水进入导致空气相对湿度的变化，假设空气流经增湿器温度不发生变化，即 $T_{hm} = T_{cl}$，增湿器进口和出口空气流量一致，即 $F_{a,hm} = F_{a,cl}$，水蒸气分压可以通过式 (3.15) 计算得到。

$$p_{v,hm} = \varphi_{hm} p_{sat} T_{hm} \qquad (3.15)$$

因此空气在增湿器中吸收的水蒸气的质量流量为

$$F_{v,inj} = F_{v,hm} - F_{v,cl} = \frac{p_{v,hm}}{p_{a,cl}} \times \frac{M_v}{M_{a,cl}} F_{a,cl} - F_{v,cl} \qquad (3.16)$$

水蒸气分压增加会使总压力相应的增加。

$$p_{hm} = p_{a,cl} + p_{v,hm} \qquad (3.17)$$

根据质量流动的连续性条件可以得到，离开增湿器的气体质量流量为

$$F_{hm} = F_{a,cl} + F_{v,hm} = F_{a,cl} - F_{v,cl} + F_{v,inj} \qquad (3.18)$$

阴极气体离开增湿器后会直接进入燃料电池电堆阴极，即电堆阴极气体的状态与离开增湿器的气体的状态一致，即

$$\begin{cases} p_{ca,in} = p_{hm} \\ F_{ca,in} = F_{hm} \\ \varphi_{ca,in} = \varphi_{hm} \\ T_{ca,in} = T_{hm} \end{cases} \tag{3.19}$$

3.2

冷却系统热力学模型

      燃料电池冷却循环子系统由冷却液循环泵、空气冷却器、电堆、节温器和散热器组成，为了适应冷启动的启动策略，本书设计的冷却循环添加了电加热器对冷却液进行加热，辅助燃料电池冷启动。

      燃料电池冷却系统建模时主要进行以下假设：各个部件内部的温度分布均匀；冷却回路中各个部件之间的管道绝热，不与环境进行换热；循环中气体的定压比热容等参数为常数。

3.2.1

空气冷却器温度模型

      空气冷却器利用冷却液和高温气体之间的温差传热来调节反应气体的温度，防止燃料电池内部温度过高。同样在冷启动过程中可以利用冷却液加热反应气体辅助燃料电池启动，空气冷却器热量平衡模型示意如图 3.1 所示。

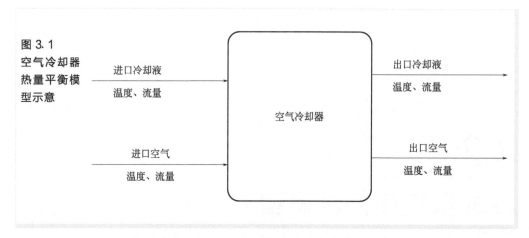

图 3.1
空气冷却器
热量平衡模
型示意

进口冷却液
温度、流量

出口冷却液
温度、流量

空气冷却器

进口空气
温度、流量

出口空气
温度、流量

假设冷却液流经空气冷却器时流量不发生变化，根据热力学第一定律得到空气冷却器温度变化为

$$\rho_{cool} V_{inc} C_{cool} \frac{dT_{inc}}{dt} = \dot{m}_{cool} C_{cool} (T_{cool,inc,out} - T_{cool,inc,in}) + \dot{q}_{air} \qquad (3.20)$$

式中，$\dot{q}_{air}$ 是冷却液和空气之间的换热功率。基于冷却液流量不变的假设，换热功率可以由式(3.21)计算得到。

$$\dot{q}_{air} = \varepsilon_1 \dot{m}_{air,inc} C_{air} (T_{inc} - T_{air}) \qquad (3.21)$$

式中，ε_1 是空气和冷却液之间的换热效率，可以参考试验数据进行计算或者参考设备厂商提供的数据。

3.2.2

氢气热交换器

氢气离开高压氢罐之后降低压力会导致其温度降低，为了使氢

燃料电池-蓄电池
混合电源系统低温启动建模

气的温度能够保持在合适温度范围内需要用热交换器对其加热，尤其是在冷启动工况下氢气热交换器的必要性尤为突出。氢气热交换器热量平衡模型示意如图 3.2 所示。

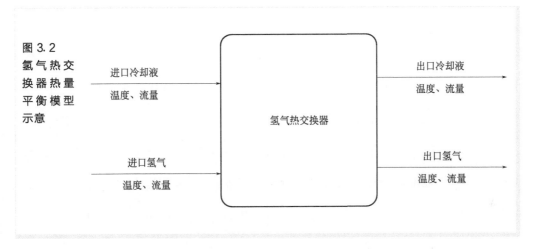

图 3.2
氢气热交换器热量平衡模型示意

进口冷却液
温度、流量

氢气热交换器

出口冷却液
温度、流量

进口氢气
温度、流量

出口氢气
温度、流量

类似于空气冷却器，本书假设进入氢气热交换器的冷却液流量与流出的流量相等，可以得到

$$\rho_{\text{cool}}V_{\text{ex}}C_{\text{cool}}\frac{\mathrm{d}T_{\text{ex}}}{\mathrm{d}t}=\dot{m}_{\text{cool}}(T_{\text{ex}}-T_{\text{cool,ex,in}})+\dot{q}_{\text{H}_2} \qquad (3.22)$$

式中，V_{ex}，T_{ex} 分别是氢气热交换器的体积和温度；$T_{\text{cool,ex,in}}$ 是流入热交换器的冷却液的温度；$\dot{q}_{\text{H}_2}$ 是冷却液和氢气之间的换热效率。

如果进入热交换器的氢气流量和流出热交换器的氢气流量相等，则氢气和冷却液的换热功率可以表示为

$$\dot{q}=\varepsilon_2\dot{m}_{\text{H}_2}C_{\text{H}_2}(T_{\text{ex}}-T_{\text{H}_2,\text{in}}) \qquad (3.23)$$

式中，ε_2 是氢气与冷却液之间的换热效率，可以通过试验获得或者参考生产厂商提供的数据。

3.2.3

节温器

节温器根据冷却液的温度来调节通过散热器的流量，从而控制燃料电池的散热量。节温器将冷却液流量分为两部分：一部分流经散热器；另一部分进入支路。节温器热量平衡示意如图 3.3 所示。节温器对冷却液流量的分配可以通过式（3.24）表达。

$$\begin{cases} \dot{m}_{\text{cool,ra,in}} = k\dot{m}_{\text{cool,bv}} \\ \dot{m}_{\text{cool,bp}} = (1-k)\dot{m}_{\text{cool,bv}} \end{cases} \tag{3.24}$$

式中，$\dot{m}_{\text{cool,ra,in}}$，$\dot{m}_{\text{cool,bv}}$，$\dot{m}_{\text{cool,bp}}$ 分别是流经散热片、节温器、支路的冷却液质量流量；k 是节温器阀门的开度，其取值范围是 $0 \leqslant k \leqslant 1$。

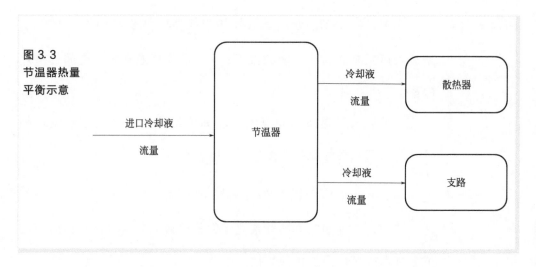

图 3.3
节温器热量
平衡示意

进口冷却液 流量

节温器

冷却液 流量 → 散热器

冷却液 流量 → 支路

3.2.4

散热器

散热器可以将电堆产生的热量扩散到环境中，散热器的热量交换主要有两部分：与冷却液进行热量交换获得热量；与环境空气进行热交换失去热量。散热器热量平衡示意如图 3.4 所示。

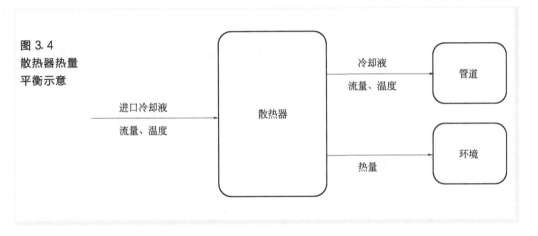

图 3.4
散热器热量
平衡示意

假设流入散热器的冷却液质量流量与流出散热器的流量相等，那么可以得到

$$\rho_{cool} V_{ra} C_{cool} \frac{\mathrm{d}T_{ra}}{\mathrm{d}t} = \dot{m}_{cool,ra}(T_{ra,in} - T_{ra,out}) - \dot{q}_{amb} \qquad (3.25)$$

冷却液和散热器的换热系数的计算是根据管内强制对流传热模型进行计算或者参考厂商提供的相关参数查表获得。散热器和环境之间换热系数的计算是根据自由对流换热系数的计算方式进行计算，也可以参考厂商提供的数据查表获得。

3.2.5

冷却液循环泵

冷却循环泵主要负责为冷却液流动提供动力，在冷却循环开启时工作，额定转速下其输出的冷却液流量与循环泵出口液体压力的关系可以通过拟合曲线获得，即

$$\dot{Q}_{we}=a_3 p_w^3+a_2 p_w^2+a_1 p_w+a_0 \tag{3.26}$$

实际工作过程中循环泵的转速可能不在额定转速，所以需要根据相似原理对输出流量进行一定的修正，即

$$\dot{Q}_{wN}=\left(\frac{N}{N_e}\right)\dot{Q}_{we} \tag{3.27}$$

而且考虑转速的动态响应时间，可使用一阶惯性环节，即 $\frac{1}{Ks+1}$，其中 K 是时间常数。

3.3

本章小结

本章基于第 2 章建立的燃料电池-蓄电池混合系统，对供气系统

燃料电池-蓄电池
混合电源系统低温启动建模

和冷却系统关键辅助部件进行了建模，其中包括进气系统中的空气压缩机、气体供应管道、空气冷却器、增湿器，冷却系统中的空气冷却器温度模型、氢气热交换器、节温器、散热器、冷却循环泵。本章的供气系统和冷却系统建模是燃料电池-蓄电池混合系统建模的重要组成部分，也为后文蓄电池和燃料电池建模提供了必要的接口及环境。

第 4 章

蓄电池低温模型

4.1

蓄电池低温性能试验

蓄电池作为燃料电池系统中关键的功率和热量输出源，其低温性能对燃料电池系统冷启动性能具有重要的影响。为了建立一个反映实际蓄电池性能的模型，基于科研项目，以国内某37A·h三元锂离子电池为研究对象，对低温下的电压、内阻、容量等性能参数进行研究并建模，蓄电池相关技术参数如表4.1所示。

表 4.1　蓄电池相关技术参数

参数	数值
类型	三元锂离子电池
质量	＜130kg
电芯容量	37A·h
串并联方式及数量	1P96S
标称电池单体电压	3.65V
最大单体工作电压	4.2V
最小单体工作电压	2.8V
标称总电压	350V
电池包最大工作电压	403.2V
电池包最小工作电压	268.8V
总能量	13kW·h
SOC工作范围	0.05～0.95
峰值放电功率	121kW

参数	数值
峰值充电功率	80kW
持续放电功率	66kW（5C）
持续充电功率	19.25kW（5C）

4.1.1

充电电压

低温会导致蓄电池的充电性能下降，为了得到不同温度下充电性能的详细数据，制定测试方法进行充电试验。

首先在常温（25℃）的环境下放电至截止电压2.8V；然后将蓄电池放置于恒温箱中5h，使得蓄电池的整体温度均匀降低至测试温度；再在恒温箱中进行1C的恒流-恒压充电，得到充电电压曲线，如图4.1所示。

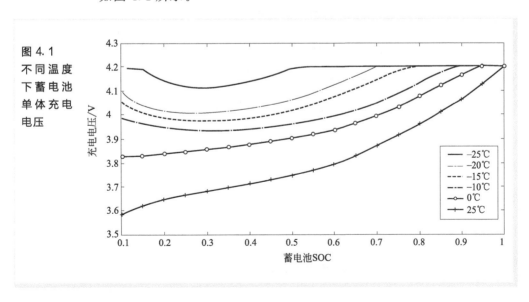

图4.1
不同温度
下蓄电池
单体充电
电压

可以从实验数据中直观地得到，随着温度的降低，平均充电电压增大，充电容量变小，充电速率降低。

4.1.2

放电电压

低温环境下锂离子电池的放电性能也会降低，为了得到电池低温环境下的放电性能，根据新国标设计实验，进行放电性能测试，试验流程如图 4.2 所示。

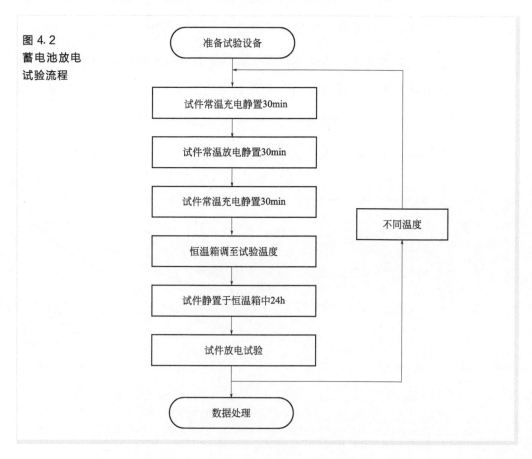

图 4.2
蓄电池放电
试验流程

准备试验设备

试件常温充电静置30min

试件常温放电静置30min

试件常温充电静置30min

恒温箱调至试验温度

不同温度

试件静置于恒温箱中24h

试件放电试验

数据处理

燃料电池-蓄电池
混合电源系统低温启动建模

被测电池在常温下充电至截止电流 1850mA，然后将电池放置在不同温度的恒温箱内 24h，之后进行 1C 倍率的恒流放电至截止电压 2.8V。实验数据如图 4.3 所示，在温度为 0℃和 25℃时，放电曲线基本呈现线性变化，温度为 −10℃和 −20℃时已经出现明显的波谷，当环境温度为 −30℃时，放电曲线明显变形，放电电压和电池容量也明显变小。

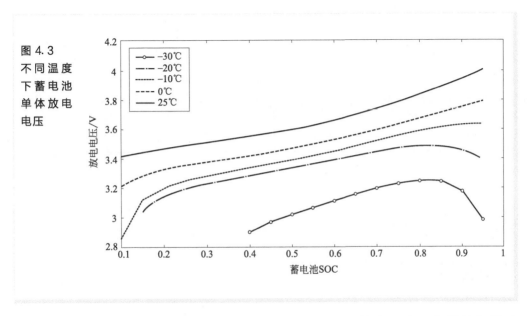

图 4.3
不同温度
下蓄电池
单体放电
电压

低温会对放电电压、放电容量等产生较大影响，尤其是超低温放电，会导致电池不能放电。

4.1.3

充电容量

为了定量分析低温环境对锂离子电池充电容量的影响，本书采用充电容量比率进行分析。充电容量比率定义为不同温度的充电容量与25℃下充电容量的比值。

可以从表4.2中得到，随着温度的降低，充电容量随之降低，尤其当温度低于20℃时，充电容量只有25℃时的78.4%。

表4.2　不同温度下蓄电池充电容量

温度/℃	充电容量/A·h	充电容量比率/%
25	39.8	100
0	38.6	97.0
−10	36.8	92.5
−15	33.9	85.2
−20	31.2	78.4

4.1.4

放电容量

为了定量分析低温环境对锂离子电池充电容量的影响，本书采用放电容量比率进行分析。放电容量比率定义为不同温度的放电容量与25℃下放电容量的比值。

表4.3　不同温度下蓄电池放电容量

温度/℃	放电容量/A·h	放电容量比率/%
25	38.5	100
0	35.6	92.5

温度/℃	放电容量/A·h	放电容量比率/%
−10	33.4	86.7
−20	33.2	86.2
−30	24.0	62.3

由表 4.3 中的数据可以看出，当温度高于−20℃时，蓄电池的放电容量下降不大，−20℃时相对于 25℃衰减了 15.6%。−30℃时衰减较为明显，相对于 25℃时衰减了 40%左右。

4.1.5

低温内阻

内阻是车载动力电池的重要性能指标之一，内阻会随着环境温度和电池 SOC 值变化。为了研究锂离子电池的内阻随温度、SOC 的变化情况，根据 HPPC（Hybrid Pulse Power Characteristic）原理设计内阻测试试验，试验流程如图 4.4 所示。

蓄电池在常温（25℃）环境下以 1C 的倍率充电到截止电压 4.2V，恒压充电过程中电流降低为 1850mA 停止充电，静置 1h；然后将电池放置于不同温度下的恒温箱内 24h；再以 1C 倍率放电 10s，静置 40s 后以 3/4C 倍率充电 10s，构成 1 个脉冲；对电池分别进行 40℃、25℃、0℃、−10℃、−20℃五种温度的内阻测试，并根据式(4.1)计算充放电内阻。

$$R_{\text{discharge}} = \frac{U_1 - U_2}{\Delta I}$$

$$R_{\text{charge}} = \frac{U_4 - U_3}{\Delta I}$$

$$(4.1)$$

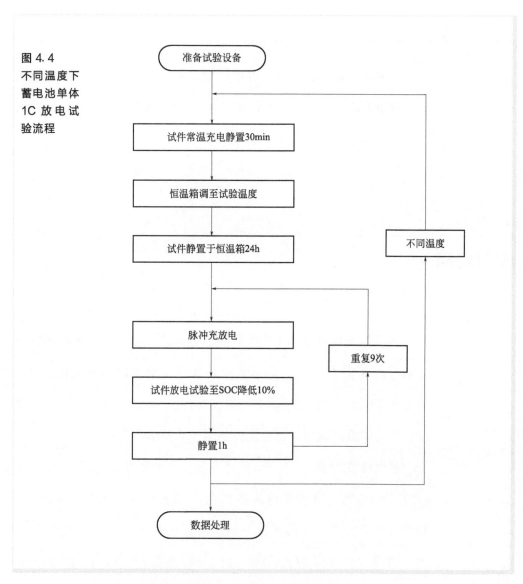

图 4.4
不同温度下
蓄电池单体
1C 放电试
验流程

试验结果如图 4.5 和图 4.6 所示。

由实验数据可知，环境温度和 SOC 对蓄电池的内阻值有明显的

燃料电池-蓄电池
混合电源系统低温启动建模

影响。在同一环境温度下，当 $0<SOC<0.2$ 时，内阻随 SOC 的增大明显减小；当 $0.2<SOC<1$ 时，内阻变化较小，主要受环境温度的影响。

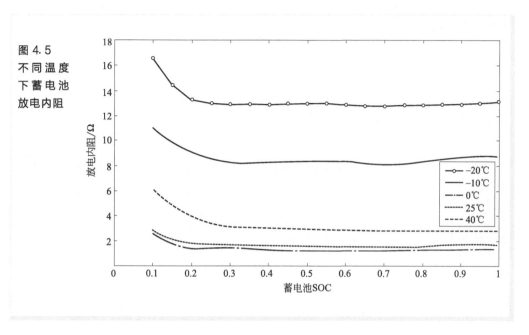

图 4.5
不同温度
下蓄电池
放电内阻

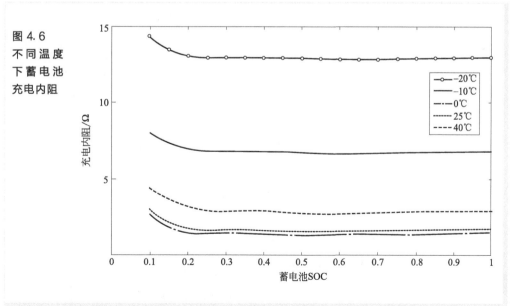

图 4.6
不同温度
下蓄电池
充电内阻

4.2

低温蓄电池 Rint 模型

如图 4.7 所示的蓄电池 Rint 等效电路模型（内阻模型）由美国国家实验室设计，使用理想电源的电势 U_{oc} 表示电池的开路电压，等效电阻 R 表示电池的内阻，开路电压和内阻可以表示为 SOC 和温度的函数。

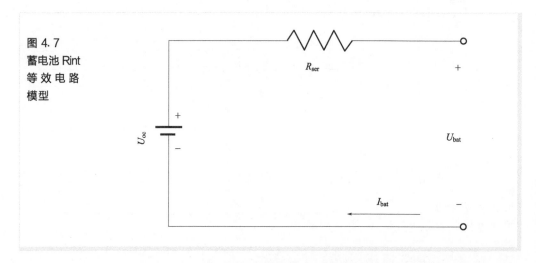

图 4.7
蓄电池 Rint
等效电路
模型

因为低温下蓄电池开路电压和内阻随 SOC 和温度变化的关系难以确定，为了建立一个能够准确反映蓄电池低温下性能的模型，本书结合蓄电池低温实验数据和 Rint 模型进行蓄电池低温仿真模型的搭建。基于实验数据搭建的模型能够反映蓄电池在低温环境下充放电的内阻变化和电压变化（图 4.8）。

Simulink 模型中的充电电压、放电电压、放电内阻和充电内阻由试验数据线性插值得到，其插值表格数据详情如图 4.9～图 4.12 所示。

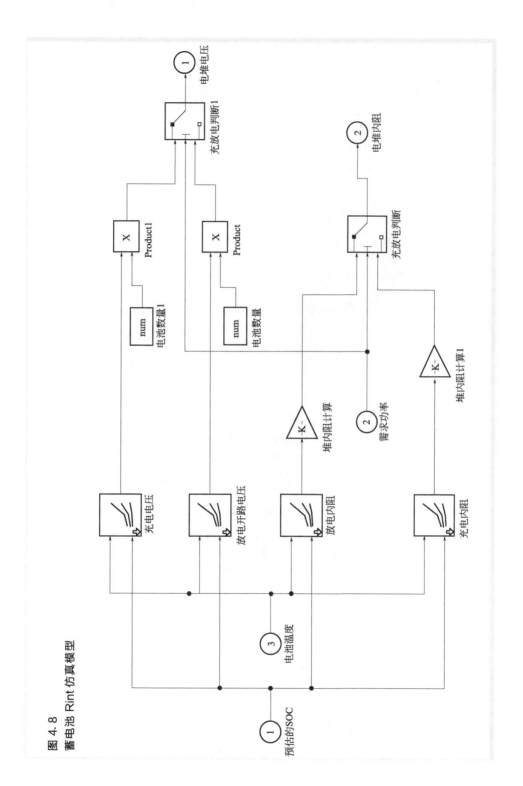

图 4. 8
蓄电池 Rint 仿真模型

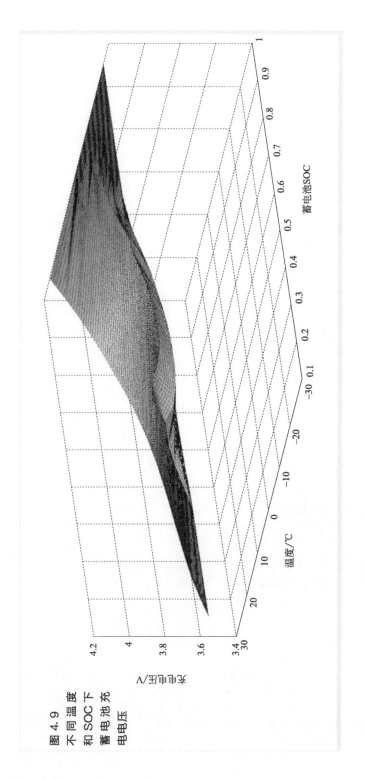

图 4.9 不同温度和 SOC 下蓄电池充电电压

燃料电池-蓄电池
混合电源系统低温启动建模

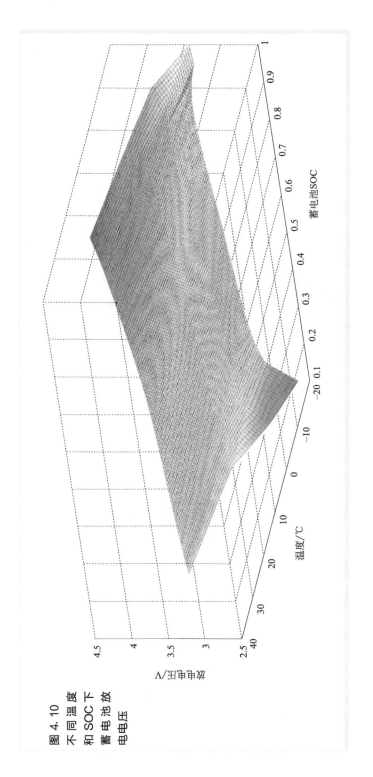

图 4.10
不同温度
和 SOC 下
蓄电池放
电电压

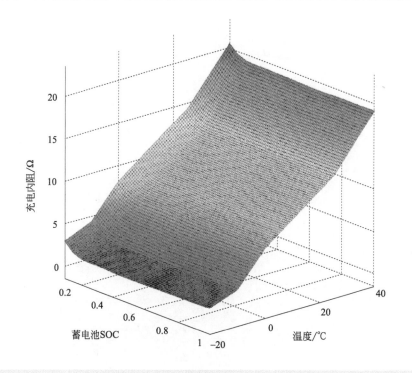

图 4. 11
不同温度
和 SOC 下
蓄电池充
电内阻

图 4. 12
不同温度
和 SOC 下
蓄电池放
电内阻

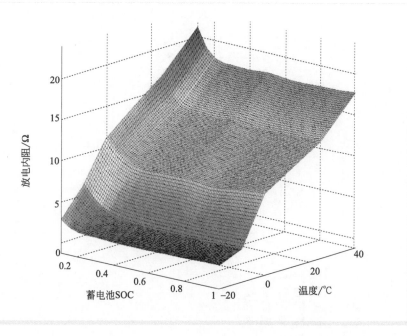

燃料电池-蓄电池
混合电源系统低温启动建模

4.3

蓄电池温度计算模型

本书建立了一个集总参数热模型，用来预测蓄电池内部的平均温度，主要考虑了蓄电池在不同工况下的产热率，同时考虑了风冷系统的气体带走的热量并计算离开蓄电池后的气流温度。

蓄电池自身产热的计算参考了 Bernardi 等提出的蓄电池内部产热的理论和计算公式。蓄电池自身产热主要包含电池的反应热、极化热、欧姆内阻热、系统的热交换、相变产热和物质反应速率不均匀带来的热量。其中极化热和欧姆热是不可逆热，反应热为可逆热。

在正常的充放电状态下，可以假设电池内部浓度均匀，忽略物质反应不均匀带来的废热影响，同样正常状况的蓄电池可以忽略电池内部介质的相变。简化后的蓄电池产热模型主要包含电池的反应热、极化热、欧姆内阻热以及系统的热交换。电池的极化热和欧姆热主要由蓄电池开路电压与端电压的差值决定。因此，蓄电池产热模型公式如下。

$$\dot{q}_{g} = -I_{L}(E_{ocv} - U_{L}) + I_{L}T_{k}\frac{dE_{ocv}}{dT} \tag{4.2}$$

式中，$\dot{q}_{g}$ 为蓄电池产热速率，W/s；T_{k} 为蓄电池的平均温度，K；I_{L}，U_{L} 分别是充放电电流和电压，充电时为正，放电为负；E_{ocv} 是开路电压，V。

式（4.2）中右侧第一项是不可逆热的表达式，第二项是可逆热即反应热的表达式。

电池的热交换主要包含热对流与热辐射，但是蓄电池在工作时，尤其是车辆在运行的过程中处于强制通风状态，并且和其他无关热源距离比较远，因此可以忽略热辐射的影响，主要考虑蓄电池和冷却气流的热对流。电池的热对流是指物体表面利用环境介质的流动来交换热量。根据牛顿冷却公式，热对流的热交换速率与两者的温差成正比，表达方式如下。

$$\dot{q}_{ex} = -hS(T_k - T_a) \tag{4.3}$$

式中，S 为电池换热面积，m^2；T_a 是环境温度，K；h 为表面热对流换热系数，$W/(m^2 \cdot K)$，其数值的大小与电池特性以及通过气流的流速有关，计算公式如下。

$$h = \begin{cases} 30 \times \left(\dfrac{\dot{m}}{\rho A} \middle/ 5\right)^{0.8} & T_k > T_{set} \\ 4 & T_k \leqslant T_{set} \end{cases} \tag{4.4}$$

式中，T_{set} 是节温器的预设温度（35℃），当蓄电池温度 $T_k \leqslant T_{set}$ 时不会有冷却气流经过蓄电池，蓄电池周围的气流流量可以认为是零；当 $T_k > T_{set}$ 时，冷却气流进入，开始对蓄电池进行冷却，蓄电池换热系数增加，加速热量的交换。

蓄电池总的产热速率与温度的关系，可以表示为

$$\dot{q}_g + \dot{q}_{ex} = mc_{cell}\frac{dT_k}{dt} \tag{4.5}$$

式中，m 为电池质量，kg；c_{cell} 为电池的比热容，$J/(kg \cdot K)$。

燃料电池-蓄电池
混合电源系统低温启动建模

综合各式,蓄电池的热平衡方程式可以表示为

$$mc_{cell}\frac{dT_k}{dt} = -I_L(E_{ocv} - U_L) + I_L T_k \frac{dE_{ocv}}{dT} - hS(T_k - T_a) \quad (4.6)$$

4.4

蓄电池 SOC 计算

车载动力蓄电池 SOC 估计是电池管理系统研究的核心和难点。准确的 SOC 估计是蓄电池充放电控制的保证,同时可以准确反映电动汽车的行驶里程。

SOC 定义基于电池容量给出,美国先进电池联合会将 SOC 定义为在特定放电倍率下,电池剩余电量占相同条件下额定容量的比例。

$$SOC = \frac{Q_C}{Q_I} \quad (4.7)$$

式中,Q_C 是剩余电量;Q_I 是以电流 I 放电时电池的容量。

不同的放电电流,Q_I 也会随之发生变化。而且不同环境温度下的蓄电池额定容量也会发生变化。根据该定义,电池在不同的工况下,会有不同的 Q_I,给蓄电池 SOC 的计算带来一定的难度。

为了得到准确的 SOC 估算值,解决 SOC 与电池剩余容量、工作电流、工作温度、电池内阻等多个参数之间的非线性问题,研究人员尝试利用自适应模型和迭代方法来估计 SOC,其中卡尔曼滤波和神经

网络的相关研究比较多。卡尔曼滤波受初始 SOC 误差的影响较小，但是需要建立精度较高的电池模型才能保证卡尔曼滤波的精度。神经网络法估计 SOC 是指利用神经网络对动力蓄电池进行建模，将电压、电流、温度等参数作为输入，利用大量的实验数据对模型进行训练，训练好的模型可以用于 SOC 的估计。但是训练使用的样本数据对训练结果的影响比较大，实验数据的精度会影响 SOC 估计精度。

相对于精度不高开路电压估计和计算量很大的卡尔曼滤波估计、神经网络估计，安时积分法有着简单实用而且具备一定精度的优点，是目前使用最为广泛的一种 SOC 估计方法，尤其在车载电池管理系统中被大量应用。安时积分法通过对电流进行积分得到蓄电池释放的电量和剩余电量，计算电池 SOC，其计算公式如下。

$$SOC(t) = SOC(t_0) - \eta_c \frac{\int_{t_0}^{t} I_{bat} dt}{C_{bat}} \tag{4.8}$$

式中，η_c 是蓄电池的库仑效率；C_{bat} 是蓄电池的容量，A·h。

根据上文的实验数据，蓄电池的容量会随着温度的变化而改变，尤其是在低温环境下蓄电池的容量衰减比较明显，无法忽略，所以需要对安时积分法进行修改，使其能够在不同温度下对 SOC 进行估计，改进的安时积分法表达式如下。

$$SOC(t) = SOC(t-1) - \eta_T \frac{\int_{t-1}^{t} I_{bat} dt}{C_T} \tag{4.9}$$

式中，$SOC(t)$ 是当前温度下的估计 SOC；$SOC(t-1)$ 是指当前温度下前一刻电池的 SOC；C_T 是指当前温度下的电池可用容量；η_T 是指不同温度下的蓄电池库仑效率。

燃料电池-蓄电池
混合电源系统低温启动建模

如图 4.13 和图 4.14 所示，不同温度下的蓄电池可用容量和库仑效率通过实验获得。

图 4.13
不同温度下
的蓄电池可
用容量

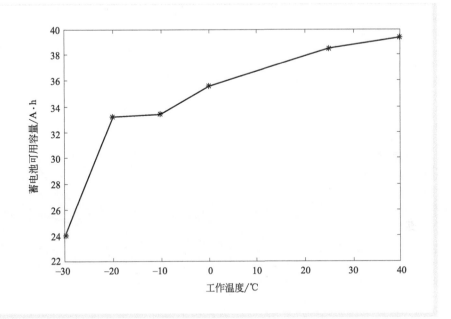

图 4.14
不同温度下
的蓄电池库
仑效率

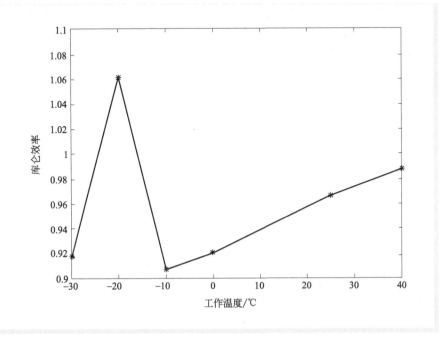

根据上文提到的 SOC 定义，同一蓄电池在不同的温度下会有不同的额定容量，进而导致不同的 SOC，因此需要对不同温度下的 SOC 进行换算。如图 4.15 所示，假设蓄电池 T_1、T_2（$T_1 > T_2$）温度对应的 SOC 和电池额定容量分别是 SOC_{T_1}、SOC_{T_2} 和 C_{T_1}，C_{T_2}，那么 T_2 温度下的放电容量损失为 $\mathrm{LFD}_{(T_1-T_2)} = C_{T_1} - C_{T_2}$。

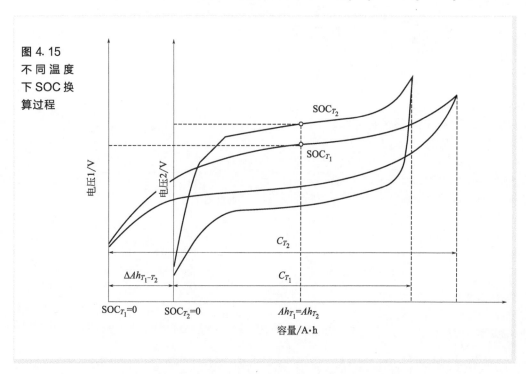

图 4.15
不同温度
下 SOC 换
算过程

T_1 温度下，电池的剩余电量为

$$Ah_{T_1} = \mathrm{SOC}_{T_1} C_{T_1} \tag{4.10}$$

T_2 温度下，剩余电量为

$$Ah_{T_2} = \mathrm{SOC}_{T_2} C_{T_2} + \mathrm{LFD}_{T_1-T_2} \tag{4.11}$$

在温度 T_1 和 T_2 下，电池的剩余电量相等，即 $Ah_{T_1} = Ah_{T_2}$，则

燃料电池-蓄电池
混合电源系统低温启动建模

$$\mathrm{SOC}_{T_1}C_{T_1} = \mathrm{SOC}_{T_2}C_{T_2} + \mathrm{LFD}_{T_1-T_2} \tag{4.12}$$

当电池温度由 T_1 降低到 T_2 时，电池的 SOC 为

$$\mathrm{SOC}_{T_2} = \frac{\mathrm{SOC}_{T_1}C_{T_1} - \mathrm{LFD}_{T_1-T_2}}{C_{T_2}} \tag{4.13}$$

因此，当电池温度由 T_2 上升到 T_1 时，电池的 SOC_{T_1} 为

$$\mathrm{SOC}_{T_1} = \frac{\mathrm{SOC}_{T_2}C_{T_2} + \mathrm{LFD}_{T_1-T_2}}{C_{T_1}} \tag{4.14}$$

4.5

低温蓄电池仿真模型

在 MATLAB/SIMULINK 中搭建蓄电池整体仿真模型，如图 4.16 所示，模型主要包含 Rint 模型、功率限制模块、电流计算模块、温度计算模块以及 SOC 计算模块，其中 Rint 模型、温度计算模块、SOC 计算模块在本章中有详细的建模过程。功率限制模块主要防止蓄电池在 SOC<0 时输出电流以及在 SOC≥0.999 时充电，另外功率限制模块还会校验开路电压是否在最小工作电压和最大工作电压之间，保证仿真过程中蓄电池输出的电流和电压能够在实际的蓄电池中实现。电流计算模块主要是利用开路电压、电池内阻和可以输出功率来计算实际工作过程中电路中的电流和电压，计算结果的乘积就是蓄电池的实际输出功率。

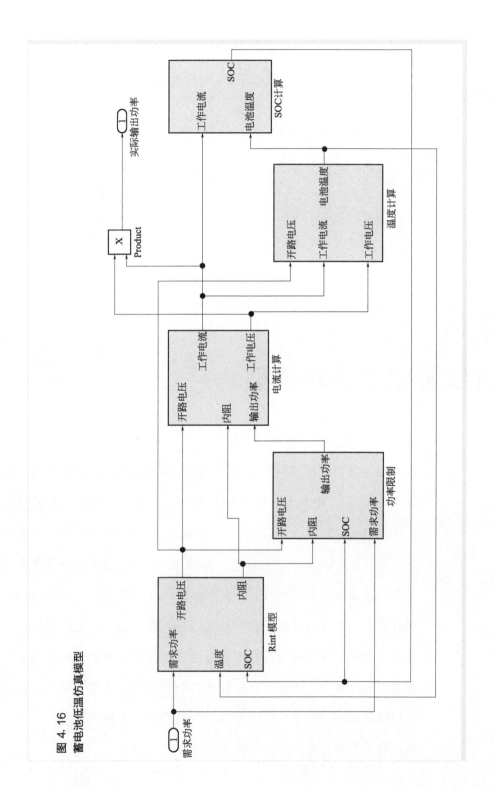

图 4.16 蓄电池低温仿真模型

4.6

本章小结

　　本章通过试验数据直观地展示了三元锂离子电池在不同环境温度下尤其是低温环境下的充放电电压、容量、内阻等性能表现：随着温度降低，蓄电池的充电电压逐渐增加，环境温度低于0℃之后充电电压呈现非线性变化，放电电压逐渐减小；充电容量逐步衰减，在−25℃环境温度下的充电容量只有25℃时的78.4%，而且放电容量的衰减要大于充电容量的衰减，在−25℃环境温度下的放电容量只有25℃时的62.3%；充放电内阻均增加，而且在0℃以上时内阻随温度增加的幅度较小，当温度低于0℃时，内阻增加幅度明显。基于不同温度工况下蓄电池充放电试验数据建立了能够准确反映蓄电池低温性能的模型，并且基于蓄电池工作机理建立了蓄电池温升模型，对于蓄电池温度准确估计是蓄电池性能输出计算的前提条件，尤其是在低温工作环境中蓄电池对于温度更为敏感。适用于低温环境仿真的蓄电池模型的建立完善了燃料电池系统模型，为后续的研究提供了基础。

第5章

燃料电池低温性能模型

5.1

低温燃料电池水传输现象建模

5.1.1

阴极水平衡模型

PEMFC 内部水的迁移与结冰如图 5.1 所示。为防止燃料电池因 CL 内部结冰而启动失败，必须将尽可能多的产物水扩散到质子交换膜中或输送到 GDL 和气体通道中，从而避免催化层被冰完全覆盖。当电池产水率超过水从 CL 离开的速度并且气体水蒸气饱和时，水蒸气将直接凝华在 CL 孔中形成冰。催化层中水累积速率即冰积累速率公式如下。

$$\dot{n}_{acc}^{H_2O} = \dot{n}_{CL}^{H_2O} - \dot{n}_{mem}^{H_2O} - \dot{n}_{GDL}^{H_2O} \tag{5.1}$$

阴极 CL 中的水生成速率，即式(5.1) 中右侧的第一项，可以表示为氧化还原反应的产水率与从阳极侧拖动的水的总和，即

$$\dot{n}_{CL}^{H_2O} = \frac{iA}{2F}(1+n_d) + A\dot{n}_{v,diff} \tag{5.2}$$

式中，n_d 是电渗透系数，主要考虑了水和 H^+ 携带水分子从阳极到阴极的电渗透现象；$\dot{n}_{v,diff}$ 是水从阴极向阳极扩散的反扩散现

象，计算方式会在后续的内容中介绍。

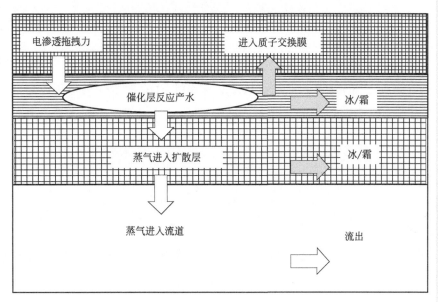

图 5.1
PEMFC 内
部水的迁移
与结冰

质子交换膜中的离聚物可作为水缓冲剂，在冷启动期间吸收生成的水，从而减少 CL 孔中结冰的水含量。假设膜从水含量 λ_0 的初始状态开始到完全水合，则膜吸收的最大水含量可以表示为

$$n_{\mathrm{mem}}^{\mathrm{H_2O}} = \frac{\rho_{\mathrm{dry}}(\lambda_{\mathrm{sat}} - \lambda_0)}{\mathrm{EW}} \delta_{\mathrm{mem}} A \qquad (5.3)$$

式中，λ_{sat} 是与饱和水蒸气平衡时的最大膜水含量。

对于初始水含量为 4 的 Nafion 112 膜，该膜的最大水含量经计算为 1.7mg/cm²。由于水在质子交换膜中扩散缓慢且水扩散率均匀，因此假设该膜为半无限平板，则可以使用相似性解来估算膜的实际吸水率。

$$\dot{n}_{\text{mem}}^{\text{H}_2\text{O}} = \frac{\rho_{\text{dry}}}{\text{EW}} \times \frac{\sqrt{D_{\text{mem}}}(\lambda_{\text{CL}} - \lambda_0)}{\sqrt{\pi t}} A \qquad (5.4)$$

除被质子交换膜吸收外，水蒸气还可以从 CL 扩散到 GDL，并且由于沿贯穿平面方向存在较大温度梯度，水蒸气可能在 GDL 内部凝华。但是，从 CL 输送到 GDL 的水受到低于冰点的低蒸汽饱和压力的限制，空气中含有的水很少，该模型中忽略了 GDL 中的冰形成。因此，从 CL 输送到 GDL 的水蒸气等于通过流出物除去的水，即

$$\dot{n}_{\text{GDL}}^{\text{H}_2\text{O}} = \dot{n}_{\text{outflow}}^{\text{H}_2\text{O}} \qquad (5.5)$$

当温度为 0℃ 以下时，假设流道中的气体为饱和水蒸气，可以得出通过阴极废气排出的最大水流量为

$$\dot{n}_{\text{outflow}}^{\text{H}_2\text{O}} = \zeta_c \frac{I}{4F} \times \frac{1}{0.21} \times \frac{p_{\text{sat}}}{p_c} \qquad (5.6)$$

式中，F 是法拉第常数，96485.33C/mol；ζ_c 是阴极水传输速率，s^{-1}；p_{sat} 是水蒸气的饱和压力，Pa。

式(5.7) 在 $-50 \sim 100$℃ 的温度范围内与实验数据拟合较好，因此可以在此模型中使用以下公式计算水蒸气的饱和压力。

$$\begin{aligned} \log_{10}\left(\frac{p_{\text{sat}}}{101325}\right) &= -2.1794 + 0.02953(T - 273.15) \\ &\quad - 9.1837 \times 10^{-5}(T - 273.15)^2 + 1.4454 \times \\ &\quad 10^{-7}(T - 273.15)^3 \end{aligned} \qquad (5.7)$$

p_c 是毛细压力 (Pa)，使用水的体积分数的函数 (Leverett 函数) 计算。

$$p_c = \sigma \cos\theta \left(\frac{\varepsilon}{K_0}\right)^{0.5} \times [1.42(1-s_{lq}) - 2.12(1-s_{lq})^2 + $$
$$1.26(1-s_{lq})^3] \qquad\qquad \theta < 90° \qquad (5.8)$$

$$p_c = \sigma \cos\theta \left(\frac{\varepsilon}{K_0}\right)^{0.5} \times (1.42 s_{lq} - 2.12 s_{lq}^2 + 1.26 s_{lq}^3) \qquad \theta > 90°$$

水的体积分数使用冰的体积分数代替,接触角 θ（取 100°）取决于 GDL 和 CL 的润湿性; δ 是液态水和气体之间的表面张力,根据相关实验数据,得出以下线性相关性,以说明 273.15～373.15K 之间的温度依赖性。

$$\sigma = -0.0001676T + 0.1218 \quad 273.15\text{K} \leqslant T \leqslant 373.15\text{K} \quad (5.9)$$

前面的公式介绍了水在催化层中的产生和传输,但是直到 CL 中的气体饱和,冰才会在孔中沉淀。在 t_0 之前,CL 中积累的水被 CL 内的离聚物吸收。

$$\int_0^{t_0} \dot{n}_{acc}^{\mathrm{H_2O}} \mathrm{d}t = \frac{\rho_{dry}(\lambda_{sat} - \lambda_0)}{\text{EW}} \varepsilon_e \delta_{CL} A \qquad (5.10)$$

式中,EW 表示含 1mol 磺酸基团的树脂质量,g/mol。

式(5.10)中的右侧表示阴极 CL 中的离聚物的储水容量。对于离聚物含量为 25%、初始水含量为 4.0 的 10μm 厚的 CL,该存储容量经计算为 0.083mg/cm²。在 CL 中的水饱和后,冰将以水积累的速率沉淀。将冰的含量定义为 CL 孔中冰占到总空隙空间的体积分数,以便后续计算。

$$s = \frac{V_{ice}}{V_{void}} \qquad (5.11)$$

假设冰形成均匀,则可以通过式(5.12)计算冰的体积分数。

$$s = s_0 + \int_{t_0}^{t} \frac{\dot{n}_{\mathrm{acc}}^{\mathrm{H_C O}}}{\varepsilon_{\mathrm{CL}} \delta_{\mathrm{CL}} A} \mathrm{d}t = s_0 + \int_{t_0}^{t} \frac{(\dot{n}_{\mathrm{CL}}^{\mathrm{H_2 O}} - \dot{n}_{\mathrm{mem}}^{\mathrm{H_2 O}} - \dot{n}_{\mathrm{GDL}}^{\mathrm{H_2 O}}) v_{\mathrm{ice}}}{\varepsilon_{\mathrm{CL}} \delta_{\mathrm{CL}} A} \mathrm{d}t$$

$$(5.12)$$

式中，s_0 是冷启动前的初始冰的体积分数；v_{ice} 为冰的摩尔质量。

典型的冷启动过程中水传输过程可以分为四个阶段。

阶段一：燃料电池启动，阴极催化层产生水，电池内部的空气湿度增加直到达到饱和，在这个阶段催化层中没有水凝结和冰积累，式（5.10）描述了这个阶段需要的时间和产生的水蒸气量。

阶段二：一旦催化层中的水蒸气达到饱和，化学反应产生的水将会在催化层以冰的形式积累，这时燃料电池内主要有两个进程，一个是随着化学反应的进行，冰在催化层中积累，如果冰完全阻塞催化层，电池会停机，启动失败，冰完全阻塞催化层的时间可以通过式(5.13)计算得到。

$$\int_{t_0}^{t_{\mathrm{shutdown}}} \dot{n}_{\mathrm{acc}}^{\mathrm{H_2 O}} \mathrm{d}t = \frac{\varepsilon_{\mathrm{CL}} \delta_{\mathrm{CL}}}{v_{\mathrm{ice}}} (1 - s_0) \qquad (5.13)$$

另一个进程是伴随着燃料电池工作产生的热量使电池温度上升，燃料电池温度上升到冰点的时间可以通过燃料电池温度模型计算得到，即 $T(t_1) = T_{\mathrm{freeze}}$，此时催化层中冰的体积分数达到最大 $s(t_1)$。为了实现成功的冷启动，t_1 应该小于 t_{shutdown}。

阶段三：如果燃料电池温度能够在催化层完全结冰之前达到冰点，那么随着电池化学反应的进行和热量的产生，催化层中积累的冰开始融化，直到所有的冰完全融化，即 $s(t_2) = 0$。在冰融化的过程中，电池产生的废热全部用于冰的融化潜热，电池的温度维持在冰点温度，不会上升，即 $T = T_{freeze} =$ 常数。冰的融化速率和需要的时间可以通过式(5.14)进行计算。

$$s = s(t_1) + \int_{t_1}^{t} \frac{-(\dot{Q}_{total} - \dot{Q}_{loss})v_{ice}}{\varepsilon_{CL} V_{CL} h_{sg}} dt \qquad (5.14)$$

阶段四：当催化层中积累的所有的冰融化完成，燃料电池继续进行化学反应，输出功率和产生废热，电池温度继续上升直至达到正常工作温度，此时冷却系统开始工作，将燃料电池的温度控制在合理的范围内，燃料电池冷启动成功。

5.1.2

膜水合模型

膜水合模型用来反映燃料电池内部尤其是质子交换膜两侧水传输的现象，本书重点分析了水平衡模型中提到的电渗透现象和反扩散现象，以及质子交换膜含水量的计算。

电渗透现象计算公式如下。

$$\dot{n}_{v,osmotic} = n_d \frac{i}{F} \qquad (5.15)$$

式中，$\dot{n}_{v,osmotic}$ 是燃料电池在电渗透作用下扩散到阴极的水流量，$mol/(s \cdot cm^2)$；n_d 是电渗透系数，计算方式如下。

$$n_d = 0.0029\lambda_m^2 + 0.05\lambda_m - 3.4 \times 10^{-19} \qquad (5.16)$$

式中，λ_m 是质子交换膜水含量，是水活性的函数，计算方式如下。

$$\lambda_{m} = \begin{cases} 0.043 + 17.81a_{m} - 39.85a_{m}^{2} + 36a_{m}^{3} & 0 \leqslant a_{m} \leqslant 1 \\ 14 + 1.4(a_{m} - 1) & 1 < a_{m} \leqslant 3 \end{cases} \quad (5.17)$$

式中，a_{m} 是质子交换膜水活度，是阴极和阳极水活度的平均值。

$$a_{m} = \frac{a_{an} + a_{ca}}{2} = 0.5 \left(\frac{p_{v,an}}{p_{sat,an}} + \frac{p_{v,ca}}{p_{sat,ca}} \right) \quad (5.18)$$

式中，$p_{sat,an}$，$p_{sat,ca}$ 是阴极和阳极的饱和水蒸气分压。

假设燃料电池内部温度是均匀的，可得到以下的表达式。

$$p_{sat,an} = p_{sat,ca} = p_{sat} \quad (5.19)$$

反扩散现象计算方式如下。

$$\dot{n}_{v,diff} = D_{w} \frac{dc_{v}}{dy} = D_{w} \frac{c_{v,ca} - c_{v,an}}{t_{m}} \quad (5.20)$$

式中，$\dot{n}_{v,diff}$ 是水扩散作用，从阴极扩散到阳极的水流量，mol/(s·cm²)；D_{w} 是水扩散系数，是一个关于膜水含量的分段函数，表达方式如下。

$$D_{w} = \begin{cases} 10^{-6} \exp \left[2416 \left(\frac{1}{303} - \frac{1}{T_{st}} \right) \right] & \lambda_{m} < 2 \\ \\ 10^{-6} (2\lambda_{m} - 3) \exp \left[2416 \left(\frac{1}{303} - \frac{1}{T_{st}} \right) \right] & 2 \leqslant \lambda_{m} < 3 \\ \\ 10^{-6} [3 - 1.67(\lambda_{m} - 3)] \exp \left[2416 \left(\frac{1}{303} - \frac{1}{T_{st}} \right) \right] & 3 < \lambda_{m} < 4.5 \\ \\ 1.25 \times 10^{-6} \exp \left[2416 \left(\frac{1}{303} - \frac{1}{T_{st}} \right) \right] & \lambda_{m} \geqslant 4.5 \end{cases}$$

$$(5.21)$$

燃料电池-蓄电池
混合电源系统低温启动建模

$c_{v,ca}$，$c_{v,an}$ 是水浓度，计算方式如下。

$$c_{v,ca} = \frac{\rho_{m,dry}}{EW} \lambda_{ca}$$

$$\text{(5.22)}$$

$$c_{v,an} = \frac{\rho_{m,dry}}{EW} \lambda_{an}$$

式中，$\rho_{m,dry}$ 是干燥的质子交换膜的密度，kg/cm^3；λ_{ca}，λ_{an} 是关于水活度的函数；$EW = 1100kg/mol$ 计算方式如下。

$$\lambda_i = \begin{cases} 0.043 + 17.81a_i - 39.85a_i^2 + 36a_i^3 & 0 \leqslant a_i \leqslant 1 \\ 14 + 1.4(a_i - 1) & 1 < a_i \leqslant 3 \end{cases} \quad i = ca,an$$

$$\text{(5.23)}$$

5.2
气体流量模型

5.2.1
阳极气体流量模型

模型主要反映燃料电池电堆阳极流道中氢气和水的进出口状态及在反应过程中的消耗和增加。模型的建立主要基于能量守恒、气体的热力学性质和理想气体状态方程，假设流道内的气体为理想气体，流动方式为层流，并且忽略了流道的沿程阻力。

根据理想气体状态方程，水和氢气的分压的表达方程如下。

$$\frac{\mathrm{d}p_{H_2}}{\mathrm{d}t} = \frac{R_{H_2} T_{st}}{V_{an}}(W_{H_2,in} - W_{H_2,rea} - W_{H_2,out})$$

$$\frac{\mathrm{d}p_{v,an}}{\mathrm{d}t} = \frac{R_v T_{st}}{V_{an}}(W_{v,an,in} - W_{v,an,out} - W_{v,mbr})$$

(5.24)

式中，$W_{H_2,in}$ 是进入阳极的氢气的质量流量，kg/s；$W_{H_2,rea}$ 是化学反应消耗的氢气的质量流量，kg/s；$W_{H_2,out}$ 是从阳极流道离开电池的氢气的质量流量，kg/s；$W_{v,an,in}$ 是进入阳极的水蒸气的质量流量，kg/s；$W_{v,an,out}$ 是从阳极离开的水的质量流量，kg/s；$W_{v,mbr}$ 是从阳极传输到阴极的水的质量流量，kg/s；R_{H_2} 和 R_v 分别是氢气和水的气体常数；T_{st} 是电堆温度；V_{an} 是电池阳极体积。

阳极入口氢气和水蒸气的质量流量与阳极入口总的气体的质量流量 $W_{an,in}$ 之间的关系如下。

$$W_{H_2,in} = \frac{1}{1 + \Omega_{an,in}} W_{an,in}$$

$$W_{v,an,in} = W_{an,in} - W_{H_2,in}$$

(5.25)

式中，$\Omega_{an,in}$ 为阳极入口气体比湿度。

入口和出口的比湿度计算方式如下。

$$\Omega_{an,in} = \frac{M_v}{M_{H_2}} \times \frac{p_{v,an,in}}{p_{H_2,an,in}}$$

$$\Omega_{an,out} = \frac{M_v}{M_{H_2}} \times \frac{p_{v,an}}{p_{H_2,an}}$$

(5.26)

燃料电池-蓄电池
混合电源系统低温启动建模

式中，M_v，M_{H_2} 分别是水和氢气的摩尔质量。

进口氢气和水蒸气的分压计算方式如下。

$$p_{v,an,in} = \varphi_{an,in} p_{sat}$$
$$p_{H_2,an,in} = p_{an,in} - p_{v,an,in} \tag{5.27}$$

式中，$\varphi_{an,in}$ 为进口气体的相对湿度。

所以阳极总的质量输入为

$$W_{an,in} = k_{an,in}(p_{an,in} - p_{an}) \tag{5.28}$$

式中，$k_{an,in}$ 是进口气体的气体流量常数，$kg/(Pa \cdot s)$。

阳极气体的输出量为

$$W_{H_2,an,out} = \frac{1}{1+\Omega_{an,out}} W_{an,out}$$
$$W_{v,an,out} = W_{an,out} - W_{H_2,an,out} \tag{5.29}$$

式中

$$W_{an,out} = k_{an,out}(p_{an} - p_{atm}) \tag{5.30}$$

燃料电池电化学反应消耗的氢气的质量流量为

$$W_{H_2,rea} = M_{H_2} \frac{nI}{2F} \tag{5.31}$$

式中，n 是电堆中单体的数量。

根据上文膜水含量模型的相关参数，可以计算得到燃料电池反应过程中穿过质子交换膜的水的质量流量。

$$W_{v,mbr} = M_v A_{fc} n \left(n_d \frac{i}{F} - D_w \frac{c_{v,ca} - c_{v,an}}{t_m} \right) \tag{5.32}$$

5.2.2

阴极气体流量模型

阴极流量模型可以用于计算反应气体的状态以及反应消耗的氧气和增加的水蒸气。模型的建立与样机模型类似，主要基于质量守恒定律、热力学定律和理想气体状态方程，假设流道中没有液态水凝聚，水主要以水蒸气的状态离开燃料电池。

阴极气体主要有氧气、氮气和水蒸气，其分压分别表示为

$$\frac{\mathrm{d}p_{O_2}}{\mathrm{d}t} = \frac{R_{O_2} T_{st}}{V_{ca}}(W_{O_2,in} - W_{O_2,rea} - W_{O_2,out})$$

$$\frac{\mathrm{d}p_{N_2}}{\mathrm{d}t} = \frac{R_{N_2} T_{st}}{V_{ca}}(W_{N_2,in} - W_{N_2,out}) \qquad (5.33)$$

$$\frac{\mathrm{d}p_{v,ca}}{\mathrm{d}t} = \frac{R_v T_{st}}{V_{ca}}(W_{v,ca,in} - W_{v,ca,out} + W_{v,mbr} + W_{v,gen})$$

式中，$W_{O_2,in}$ 是进入阴极流道的氧气的质量流量；$W_{O_2,out}$ 是离开阴极流道的氧气的质量流量，kg/s；$W_{O_2,rea}$ 是燃料电池电化学反应消耗的氧气的质量流量，kg/s；$W_{N_2,in}$，$W_{N_2,out}$ 分别是进入和离开阴极流道的氮气的质量流量，kg/s；$W_{v,ca,in}$，$W_{v,ca,out}$ 分别是进入和离开阴极流道的水的质量流量，kg/s；$W_{v,gen}$ 是氢氧化学反应生成的水的质量流量，kg/s；R_{O_2}，R_{N_2}，R_v 分别是氧气、氮气和水的气体常数；T_{st} 是电堆温度；V_{ca} 是阳极体积。

燃料电池阴极入口空气的质量流量、水蒸气的质量流量和总的

入口的质量流量之间的关系如下。

$$W_{a,ca,in} = \frac{1}{1+\Omega_{ca,in}} W_{ca,in}$$

$$W_{v,ca,in} = W_{ca,in} - W_{a,ca,in}$$

(5.34)

同样，阴极出口也有类似的表达方式。

$$W_{a,ca,out} = \frac{1}{1+\Omega_{ca,out}} W_{ca,out}$$

$$W_{v,ca,out} = W_{ca,out} - W_{a,ca,out}$$

(5.35)

燃料电池阴极进出口的气体比湿度表达式如下。

$$\Omega_{ca,in} = \frac{M_v}{M_{a,ca,in}} \times \frac{p_{v,ca,in}}{p_{a,ca,in}}$$

$$\Omega_{ca,out} = \frac{M_v}{M_{a,ca}} \times \frac{p_{v,ca}}{p_{a,ca}}$$

(5.36)

阴极反应气体的分压计算如下。

$$p_{a,ca} = p_{O_2,ca} + p_{N_2,ca}$$

$$p_{ca} = p_{O_2,ca} + p_{N_2,ca} + p_{v,ca}$$

(5.37)

$$p_{v,ca,in} = \varphi_{ca,in} p_{sat}$$

$$p_{a,ca,in} = p_{ca,in} - p_{v,ca,in}$$

(5.38)

燃料电池阴极出入口的质量流量计算方式如下。

$$W_{ca,in} = k_{ca,in}(p_{ca,in} - p_{ca})$$

$$W_{ca,out} = k_{ca,out}(p_{ca} - p_{atm})$$

(5.39)

阴极化学反应消耗的氧气质量流量为

$$W_{O_2,rea} = M_{O_2} \frac{nI}{4F}$$

(5.40)

生成水的质量流量为

$$W_{v,gen} = M_v \frac{nI}{2F} \qquad (5.41)$$

5.3
燃料电池输出电压模型

质子交换膜燃料电池的输出性能可以用电流-电压特征曲线（极化曲线）表示，极化曲线可以表示特定温度下电池、电压随电流变化的关系。在标准状况下，单个燃料电池的电压最高可以达到1.23V。但是由于燃料电池在运行过程中会存在电压损失，所以电池输出的电压最大值会低于理想值。一般来说，燃料电池的电压损失主要有三种形式：由电化学反应引起的活化损耗，也称活化极化；由离子和电子传导引起的欧姆损耗，也称欧姆极化；由质量传输引起的浓度损耗，也称浓差极化。如图5.2所示，通过极化曲线可以直观地得到各种极化损失的大小和主要产生的阶段。

在本书的分析模型中，不求解电荷守恒方程，而是基于Tafel方程和冷启动过程中的传输参数来计算电池的性能输出，输出电压的计算方式如下。

$$U_{cell} = E_{nernst} + U_{act} + U_{conc} + U_{ohmic} \qquad (5.42)$$

燃料电池-蓄电池
混合电源系统低温启动建模

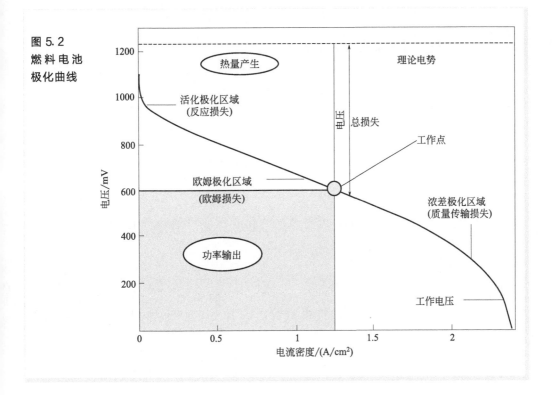

图 5.2
燃料电池
极化曲线

（纵轴）电压/mV
（横轴）电流密度/(A/cm²)

热量产生

理论电势

活化极化区域
（反应损失）

电压
总损失

工作点

欧姆极化区域
（欧姆损失）

浓差极化区域
（质量传输损失）

功率输出

工作电压

5.3.1

燃料电池理想电动势

质子交换膜燃料电池通过氢氧化学反应产生电能并释放热量，反应过程中的化学能可以用吉布斯自由能的变化量 ΔG_f 来表示，根据电池的氢氧化学反应式

$$H_2 + \frac{1}{2}O_2 \longrightarrow H_2O \qquad (5.43)$$

得到燃料电池反应过程中的吉布斯自由能变化量为

$$\Delta G_f = (G_f)_{H_2O} - (G_f)_{H_2} - (G_f)_{O_2} \qquad (5.44)$$

ΔG_f 的计算还受到反应温度和气体压力的影响，根据能斯特方程，可以得到 ΔG_f 的表达式为

$$\Delta G_f = \Delta G_f^0 - RT_{fc}\ln\left(\frac{p_{H_2}p_{O_2}^{0.5}}{p_{H_2O}}\right) \qquad (5.45)$$

式中，ΔG_f^0 是标准状况下的吉布斯自由能变化量，其数值为237180J/mol；T_{fc} 是反应进行时燃料电池的温度；R 为气体常数，数值为 8.314J/(mol·K)。

理想状态下，燃料电池的化学反应可逆，产生的电能和吉布斯自由能的变化量相等，即

$$\Delta G_f = -2FE \qquad (5.46)$$

式中，F 是法拉第常数，数值为 96485C/mol；E 是电池的理想开路电压。

综合以上公式，得到燃料电池的理想开路电压通常也称为能斯特电压的表达式为

$$E_{nernst} = E = -\frac{\Delta G_f}{2F} = -\frac{\Delta G_f^0}{2F} + \frac{RT_{fc}}{2F}\ln\left(\frac{p_{H_2}p_{O_2}^{0.5}}{p_{H_2O}}\right) \qquad (5.47)$$

在标准状态下，可以得到能斯特电压为

$$E_{nernst} = 1.229 + (T_{fc} - T_0)\frac{\Delta S^0}{2F} \qquad (5.48)$$

式中，T_0 是标准状态下的温度，数值为 273K；ΔS^0 是标准状态下的摩尔熵变，其数值为 -163.15mol·K。

综合以上公式和标准状态下的参数，可以得到燃料电池的能斯特电压为

$$V_{nernst} = 1.229 - (8.5\times10^{-4})(T_{fc} - 298.15) + (4.308\times10^{-5})$$
$$T_{fc}[\ln(p_{H_2}) + 0.5\ln(p_{O_2})] \qquad (5.49)$$

燃料电池-蓄电池
混合电源系统低温启动建模

式中，T_{fc} 是燃料电池进行化学反应时的温度；由于反应主要在催化层进行，根据前文温度模型的假设，催化层的温度与膜电极的温度相同且分布均匀，所以 $T_{fc}=T_{CL}=T_m$，具体数值由本书的燃料电池单体温度分布模型计算得到；p_{H_2}，p_{O_2} 是反应气体中氢气和氧气的分压，需要建立燃料电池的阳极和阴极气体流量模型进行计算，在接下来的模型中介绍具体的计算方式。

5.3.2

活化过电势

活化过电势的产生主要是由于电子在穿过膜时需要克服反应的活化能，其计算方式如下。

$$V_{act}=-b\ln\left[\frac{I}{(1-s_{ice}-s_{lq})^{0.5}j_*^h}\right] \tag{5.50}$$

式中，s_{ice}，s_{lq} 分别是催化层中冰和液态水的体积分数。

体积分数的引入反映了冰和液态水的凝结对活化过电势的影响，冰的体积分数由水平衡模型计算得到，由于假设在冰点以下时燃料电池内部没有液态水生成，所以在温度达到 0℃ 之前液态水的体积分数为 0。式（5.50）中参数 b 的计算方式如下。

$$b=\frac{RT_m}{\alpha F} \tag{5.51}$$

式中，α 是传输系数，$\alpha_a=\alpha_c=0.5$。

$$j_*^h=j_*\delta_{CL}\frac{c_h}{c_{ref}} \tag{5.52}$$

式中

$$c_h = \frac{1 + \left(1 - \dfrac{1}{\xi}\right)}{2} \times \frac{0.21 p_c}{R T_m} \qquad (5.53)$$

式中，δ_{CL} 是催化层的厚度，其值为 $0.001 mm$；c_{ref} 是参考气体浓度，$c_{H_2}^{ref} = c_{O_2}^{ref} = 40.0$；$\xi$ 是化学计量比，$\xi_a = \xi_c = 2.0$；p_c 是燃料电池内部的毛细压力，在水平衡模型中有详细的计算过程。

阴极和阳极催化层的反应速率 j_a 及 j_c 可以使用 Butler-Volmer 公式计算得到。

$$j_a = (1 - s_{lq} - s_{ice}) j_{0,a}^{ref} \left(\frac{c_{H_2}}{c_{H_2}^{ref}}\right)^{0.5} \left[\exp\left(\frac{2\alpha_a F}{R T_m} V_{act}\right) - \exp\left(-\frac{2\alpha_c F}{R T_m} V_{act}\right)\right]$$

$$(5.54)$$

$$j_c = (1 - s_{lq} - s_{ice}) j_{0,c}^{ref} \left(\frac{c_{O_2}}{c_{O_2}^{ref}}\right)^{0.5} \left[-\exp\left(\frac{4\alpha_a F}{R T_m} V_{act}\right) + \exp\left(-\frac{4\alpha_c F}{R T_m} V_{act}\right)\right]$$

$$(5.55)$$

公式引入了冰和液态水的体积分数来反映冰和液态水对反应区域的阻塞导致的反应速率下降，假设其影响是线性的。

5.3.3

浓差过电势

燃料电池在工作时，反应物在电堆内部的扩散存在阻力，反应物不能及时地到达反应界面，导致气体电化学反应不能充分进行和电压损失，计算方式如下。

$$V_{conc} = b \ln\left(1 - \frac{I}{j_D}\right)$$

$$J_D = \frac{4Fc_h}{\dfrac{\delta_{GDL}}{D_{GDL}^{eff}} + \dfrac{0.5\delta_{CL}}{D_{CL}^{eff}}} \tag{5.56}$$

式中，δ_{GDL}，D_{GDL}^{eff} 是 GDL 的厚度（0.2mm）和扩散系数；δ_{CL}，D_{CL}^{eff} 是催化层的厚度（0.01mm）和扩散系数。

在 GDL 和 CL 中，为了考虑孔隙度和曲折度对气体传输系数的影响，使用了 Bruggemann 修正。参考中的模型，假设液态水对气体传输系数的影响与孔隙率的影响相同，在本书中的模型，假设结冰和液态水对气体传输的影响一致。而且阴极和阳极的扩散气体不同，需要分别计算。

$$D_{GDL}^{eff} = D_i \varepsilon_{GDL}^{1.5} (1 - s_{lq} - s_{ice})^{1.5} \tag{5.57}$$

$$D_{CL}^{eff} = D_i \varepsilon_{CL}^{1.5} (1 - s_{lq} - s_{ice})^{1.5} \tag{5.58}$$

式中，ε 是孔隙率，$\varepsilon_{CL} = 0.5$，$\varepsilon_{GDL} = 0.6$；D_i 是气体扩散率，m^2/s，计算方式如下。

$$D_{H_2} = 1.055 \times 10^{-4} \left(\frac{T}{333.15}\right)^{1.5} \left(\frac{101325}{p_{H_2}}\right)$$

$$D_{O_2} = 2.652 \times 10^{-5} \left(\frac{T}{333.15}\right)^{1.5} \left(\frac{101325}{p_{O_2}}\right) \tag{5.59}$$

5.3.4

欧姆过电势

燃料电池工作时伴随着质子和电子的传递运动，欧姆过电势可以反映传递运动过程中的阻抗效应，根据欧姆定律可得欧姆过电势计算方式如下。

$$V_{\text{ohmic}} = V_{\text{ohmic}}^{\text{elec}} + V_{\text{ohmic}}^{\text{proton}} = -I(R^{\text{elec}} + R^{\text{proton}})$$
$$= -IR^{\text{internal}} \tag{5.60}$$

电子通过集流板的阻抗 R^{elec} 一般看作常数，质子通过质子交换膜的等效阻抗 R^{proton} 受到质子交换膜水含量和水分布影响，其计算方式过于复杂，不适用于整个燃料电池的建模，因此本书选择了一个经验模型来估算 R^{proton}。R^{proton} 的计算方式如下。

$$R^{\text{proton}} = \frac{r_{\text{M}}\delta_{\text{mem}}}{A} \tag{5.61}$$

式中，r_{M} 为质子交换膜的电阻率，$\Omega \cdot m$；δ_{mem} 为质子交换膜的厚度（0.178mm）；r_{M} 可以用经验公式［式(5.62)］表示。

$$r_{\text{M}} = \frac{181.6\left[1 + 0.03\left(\dfrac{i}{A}\right) + 0.062\left(\dfrac{T}{303}\right)^2 \left(\dfrac{i}{A}\right)^{2.5}\right]}{\left[\lambda - 0.634 - 3\left(\dfrac{i}{A}\right)\right]\exp\left[4.18\left(\dfrac{T-303}{T_{\text{m}}}\right)\right]} \tag{5.62}$$

根据以上模型得知，计算燃料电池的输出电压，需要燃料电池内部温度、冰的体积分数、反应气体的供应状态，所以接下来要建立阳极和阴极的气体流量模型以及冷启动工况下的水传输模型。燃料电池温度分布模型将会在第6章中详细介绍。

5.4

本章小结

本章基于对燃料电池冷启动过程中水传输现象的研究建立了燃

燃料电池-蓄电池
混合电源系统低温启动建模

料电池水平衡模型，可以反映燃料电池反应过程中水的生成、凝结、扩散、融化等现象，为了更加准确地反映水在质子交换膜中的扩散现象，建立了膜水合模型。本章还建立了阳极和阴极进气流量模型，能够准确地反映燃料电池系统的进气流量和压力变化。最后建立了燃料电池电压输出模型，模型重点考虑了冷启动过程中累积的冰和温度变化对燃料电池输出性能的影响，能够更加准确地反映燃料电池在冷启动过程中的性能输出。

第 **6** 章

燃料电池单体温度分层模型

6.1

燃料电池温度分层假设

6.1.1

MEA 内部温度分布均匀假设

燃料电池自身产热率 $\dot{Q}_{\text{total}}$ 主要与质子交换膜和催化层的温度及水的状态有关，热量损耗 $\dot{Q}_{\text{loss}}$ 主要与双极板的温度有关，而且膜电极表面的温度分布与质子交换膜燃料电池的寿命、可靠性以及输出性能都有关系。单独考虑膜电极的温度能够更准确地反映燃料电池的状态，考虑到复杂性和准确性的权衡，需要对燃料电池真实的温度分布进行分析，建立简化的并具有一定准确性的模型。

Hyunchul 等建立了一个单相的非等温的燃料电池模型，用于分析不同的工作参数对温度分布的影响，如图 6.1 所示。根据其仿真结果也可以直观地看到质子交换膜和催化层（以下简称膜电极，不包含 GDL）由于尺寸较小导致温度比较一致，温差在 1℃ 以内。

蒋杨和焦魁等建立了一种非等温两相一维分析模型，并且利用"三步验证"和"多案例"验证方法对模型进行了严格的验证，结果表明仿真结果与试验结果有良好的一致性。根据其模型的仿真结

燃料电池-蓄电池
混合电源系统低温启动建模

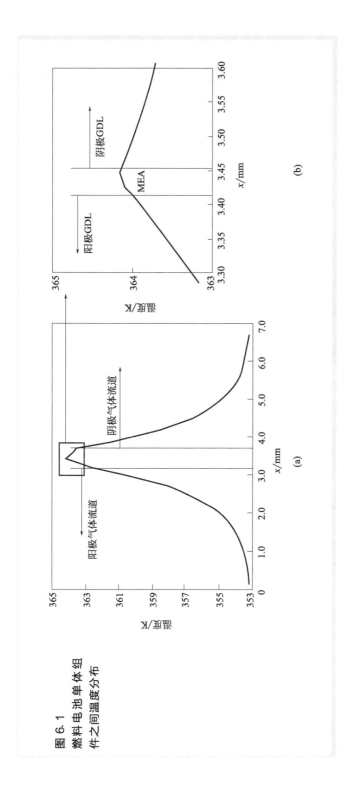

图 6.1
燃料电池单体组
件之间温度分布

果，如图 6.2 所示，燃料电池在工作过程中质子交换膜、催化层和微孔层的温度较为接近，温差在 1℃ 以内，GDL 和 MPL 在工作过程中没有热量产生，只能通过热传导来升温，所以有明显的温度梯度。对比 Hyunchul 的结果，因为燃料电池模型中多了微孔层，气体扩散层不能直接从质子交换膜和催化层传导热量，导致气体扩散层和质子交换膜的温差比较大，但是因为微孔层可以直接与催化层进行热传导，所以温度梯度比较小，温差也很小。

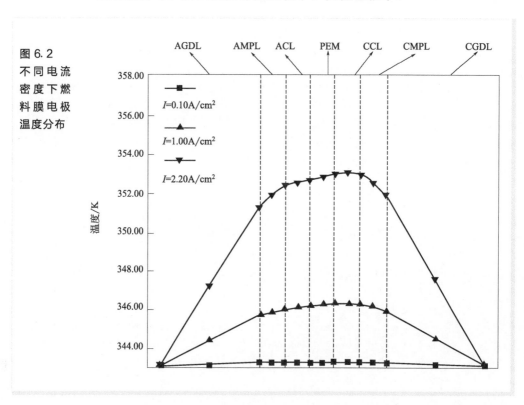

图 6.2
不同电流密度下燃料膜电极温度分布

综合两个模型的仿真结果，可以得到燃料电池在工作的时候不同组件之间的温度分布存在温度梯度，但是由于质子交换膜和催化层的厚度较小而且作为主要的热源，膜电极内部质子交换膜、催化层的温差较小，温差在 1℃ 之内。双极板本身不产生热量，而且内部的温度梯度更大，结构尺寸相对比较大，存在比较大的温差，所以将膜电极、气体扩散层、双极板的温度分开考虑是十分有必要的。

Guo 等利用热成像技术和自己设计的燃料电池，在非加湿条件下，实现了在平行通道下阳极 MEA 表面的整个温度场的测量，测量点和测量结果如图 6.3 和图 6.4 所示。随着电流密度的增加，MEA 的表面温度随之上升，而且温度分布的均匀性也会变差。当电流密度小于等于 $0.743A/cm^2$ 时，MEA 表面的温度分布较为均匀，一致性较好。当电流密度大于 $0.743A/cm^2$ 时，MEA 表面的温度分布比较均匀，温差小于 2℃，但是与环境接触的测试点温最低，所以模型需要考虑 MEA 与环境之间的热辐射。

图 6.3
电池温度测
量点分布

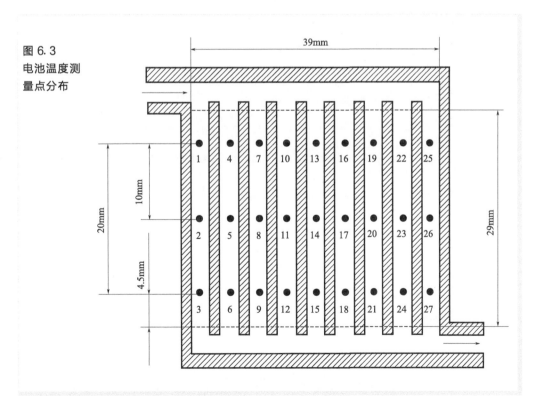

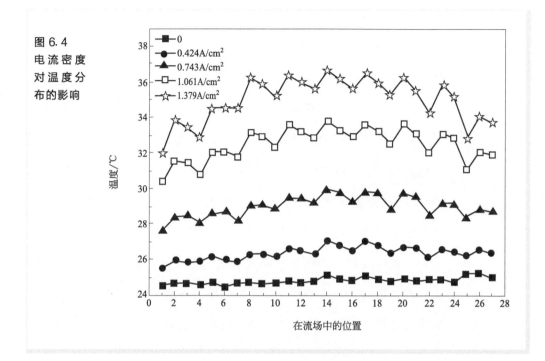

图 6.4
电流密度
对温度分
布的影响

涂正凯等使用热电偶对燃料电池膜电极表面的温度进行测量，随着反应的进行，膜电极各点温度逐步上升，但是膜电极表面不同位置的温差始终保持在 1℃左右。

根据以上多人的研究结果，可以假设在燃料电池的工作过程中 MEA 表面的温度分布均匀，而且交换膜和催化层的温度基本相等。也就是说，可以假设质子交换膜和催化层为温度分布均匀、单一的整体，即 $T_{mem} = T_{CL} = T_m$。

6.1.2

双极板温度分层假设

双极板作为燃料电池中尺寸较大的结构（图 6.5），其中包含反

燃料电池-蓄电池
混合电源系统低温启动建模

应气体流道和冷却液流道，而且其主体结构也不是简单的板状结构。双极板内部的热量传递复杂且温度具有强非线性，但是双极板的温度分布对燃料电池的性能输出没有直接影响，只是对燃料电池反应气体流动特性有微弱的影响。双极板在燃料电池工作过程中对电池的影响主要是与冷却液和反应气体进行热交换，在冷启动过程中双极板作为拥有最大热质量的部件会吸收大量的热量，延缓电池的温升过程，其内部温度分布对燃料电池冷启动性能没有明显的影响。

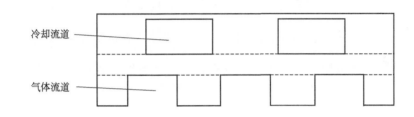

图 6.5
双极板结
构示意

冷却流道

气体流道

为了将温度分布模型简化为一维模型并考虑双极板内部冷却液和反应气体的温度，将冷却流道和进气流道简化为单独的一层结构，进气流道和冷却流道之间作为双极板的主体结构，其示意如图 6.6 所示。双极板温度分层模型旨在简化双极板温度分布模型，双极板与反应气体和冷却液之间的换热模型将依据真实换热过程建模。

图 6.6
双极板温
度分层模
型示意

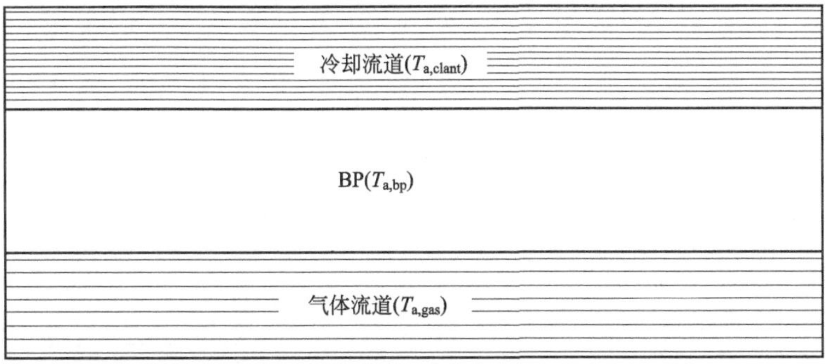

冷却流道($T_{a,clant}$)

BP($T_{a,bp}$)

气体流道($T_{a,gas}$)

6.2

燃料电池温度分层建模

基于质子交换膜和催化层是温度均匀的整体的假设以及双极板

三层温度分布的假设，建立燃料电池温度分层模型，如图 6.7 所示，

包括：冷却流道、双极板、气体流道、气体扩散层和膜电极层（催

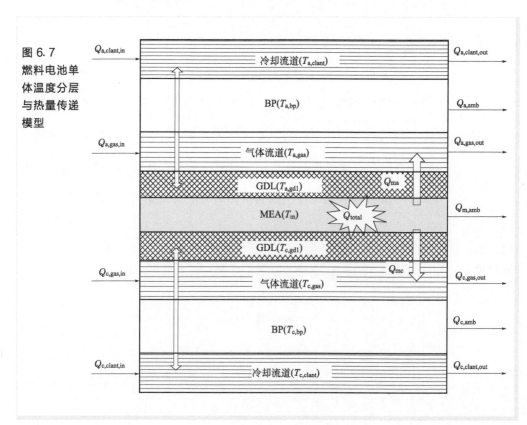

图 6.7
燃料电池单
体温度分层
与热量传递
模型

化层和质子交换膜）。模型假设各层内部温度分布均匀，对各层之间进行热量的传输计算，而且考虑了与环境的热量交换，从而求得每层的温度，将各层温度在位置-温度坐标系内标记并连线，可以得到较为准确的单体电池的温度分布。

6.2.1

膜电极温度模型

膜电极热平衡如图6.8所示。

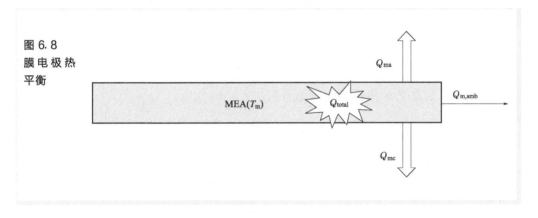

图6.8
膜电极热平衡

质子交换膜和催化层中的热量产生主要是化学反应产生的可逆热、极化现象导致的不可逆热以及水的相变潜热，其表达式如下。

$$\dot{Q}_{total} = \dot{Q}_{rev} + \dot{Q}_{irrev} + \dot{Q}_{phase} \tag{6.1}$$

其中电化学反应产生的可逆热计算方式如下。

$$\dot{Q}_{rev} = (-T_{CL}\Delta S)\frac{i}{2F}A = \left(-T_{st}\frac{\partial U_0}{\partial T}\right)iA \tag{6.2}$$

式中，T_{CL} 是催化层的温度；ΔS 是反应过程中化学反应产物为气态时的熵变；U_0 是 H_2/O_2 燃料电池反应的化学电势，表达方式如下。

$$U_0 = 1.23 - 9.0 \times 10^{-4}(T - 298.15) \tag{6.3}$$

不可逆热的产生主要是化学反应的不可逆以及欧姆电阻的产生，计算方式如下。

$$\dot{Q}_{irrev} = \left(-\frac{\Delta G}{2F} - U_{cell}\right)iA = (U_0 - U_{cell})iA \tag{6.4}$$

式中，ΔG 是 H_2/O_2 反应的吉布斯自由能变化；燃料电池开路电压 U_{cell} 计算方式如下。

$$U_{cell} = U_{nernst} + U_{act} + U_{conc} + U_{ohmic} \tag{6.5}$$

式中，U_{nernst}，U_{act}，U_{conc}，U_{ohmic} 分别是燃料电池的能斯特电压、活化过电势、浓差过电势和欧姆过电势，产生原因和计算方式会在之后的模型中进行介绍。

冷启动过程中的水蒸气凝华会释放热量，相变产生的热量计算方式如下。

$$\dot{Q}_{sg} = \dot{n}_{ice}^{H_2O} h_{sg} \tag{6.6}$$

式中，h_{sg} 是水蒸气凝华时的相变潜热，数值为 5.1×10^4 J/mol；$\dot{n}_{ice}^{H_2O}$ 是水凝华和升华的速率。

联合以上公式求得燃料电池运行时膜电极产生的总的产热率如下。

$$\dot{Q}_{total} = \left(U_0 + \frac{h_{sg}}{2F} - T\frac{\partial U_0}{\partial T}\right)iA - U_{cell}iA \tag{6.7}$$

由于催化层的温度高于气体扩散层，所以 MEA 热量损耗主要

燃料电池-蓄电池
混合电源系统低温启动建模

是其与气体扩散层之间的热交换,参考工程中使用的集中参数法,认为物体在任一时刻温度分布均匀,温度仅仅是时间的一维函数。因为本书假设膜电极和质子交换膜内部温度均匀分布,而且燃料电池体积很小,内部很容易达到温度平衡,所以燃料电池部件之间的传热完全适用于集中参数法。膜电极和气体扩散层之间的传热率计算公式如下。

$$\dot{Q}_{m,a}=h_{m,a}A_a(T_m-T_{a,gdl}) \tag{6.8}$$

$$\dot{Q}_{m,c}=h_{m,c}A_c(T_m-T_{c,gdl}) \tag{6.9}$$

式中,A_a,A_c 分别是阳极气体扩散层、阴极气体扩散层与膜电极的接触面积;$T_{a,gdl}$,$T_{c,gdl}$ 分别是阳极和阴极气体扩散层的温度;$h_{m,a}$,$h_{m,c}$ 分别是膜电极与阳、阴极气体扩散层之间的传热系数。

根据多层平壁之间的传热模型,可以得知膜电极和气体扩散层之间的传热系数计算公式为

$$h_{m,a}=h_{m,c}=\cfrac{1}{\cfrac{\delta_m}{2}+\cfrac{\delta_{gdl}}{2}} \tag{6.10}$$

式中,δ_m,δ_{gdl} 分别是膜电极和气体扩散层的厚度;k_m^{eff},k_{gdl}^{eff} 分别是膜电极和气体扩散层的有效热导率。这里假设阴极和阳极气体扩散层和膜电极之间的传热系数相等。根据参考文献得知,膜电极的有效热导率为

$$k_m^{eff}=k_m(1-\varepsilon_m)^{1.5} \tag{6.11}$$

$$k_{gdl}^{eff}=k_{gdl}(1-\varepsilon_{gdl})^{1.5} \tag{6.12}$$

式中，k_m，k_{gdl} 是膜电极材料和气体扩散层材料的热导率；ε_m，ε_{gdl} 是膜电极和气体扩散层的孔隙率。

考虑到试验测量结果中端部处的温度与中间部位存在明显的温差，所以考虑其与环境之间的热交换，计算公式如下。

$$\dot{Q}_{m,amb}=h_m A_{m,ter}(T_m-T_0) \tag{6.13}$$

式中，h_m 是膜电极和环境之间的换热系数；$A_{m,ter}$ 是膜电极与环境空气相接触的面积；T_m，T_0 分别是膜电极和环境的温度。

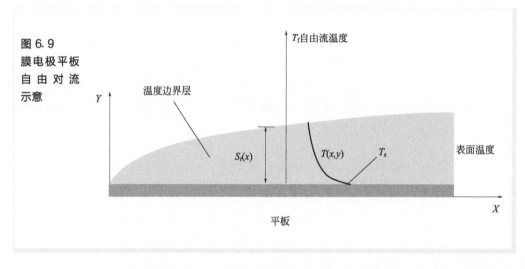

图 6.9 膜电极平板自由对流示意

膜电极和空气之间的对流换热，适用于如图 6.9 所示的传热学中的平板自由对流模型，计算过程使用到的主要参数有努塞尔数 Nu、普朗特数 Pr 以及格拉晓夫数 Gr，三个主要参数的表达式如下。

$$Nu=\frac{h_m L}{k_{air}} \tag{6.14}$$

式中，L 是系统的特征尺寸，对于竖直平板其数值是板的高度，对于水平平板其数值为 $L=A/C$（其中 A 是表面积，L 为平板

燃料电池-蓄电池
混合电源系统低温启动建模

周长）；k_{air} 是空气的热导率，当环境温度为 253K、电堆温度小于 273K 时，此时的环境空气和电池界面上空气物性参数为，密度 $\rho =$ 1.413kg/m³，动力黏度 $\eta = 0.01599$mPa·s，热导率 $k_{air} =$ 0.02227W/(m·K)，体积膨胀系数 $\beta_t = 0.0040K^{-1}$，普朗特系数 $Pr = 0.722$。

$$Gr = \frac{g\beta_t\rho^2 \Delta TL^3}{\eta^2} \tag{6.15}$$

式中，$\Delta T = T_m - T_0$，气体的体积膨胀系数为

$$\beta_t = \frac{1}{T_{ave}} \tag{6.16}$$

式中，T_{ave} 是平均界面膜的温度。

普朗特数 Pr 是动量扩散率（流体传递动量的能力）和热扩散率（流体传递热能的能力）之比，是流体的物性参数，其定义如下。

$$Pr = \frac{\eta c_p}{k_t} \tag{6.17}$$

式中，k_t 是热导率；c_p 是比热容；η 是流体动力黏性系数。

当 $Gr \times Pr < 10^9$ 时，流动为层流，传热关联式为

$$\overline{Nu} = 0.800\left(\frac{Pr}{1 + 2.003Pr^{\frac{1}{2}} + 2.033Pr}\right)^{\frac{1}{4}}(Gr \times Pr)^{\frac{1}{4}} \tag{6.18}$$

当 $Gr \times Pr > 10^9$ 时，流动为紊流，流体特性的取值为平均界面膜温度 T_{ave} 下的值，其传热关联式为

$$\overline{Nu} = 0.10(Gr \times Pr)^{\frac{1}{3}} \tag{6.19}$$

联合以上各式，就可以得到平板自由对流的平均给热系数 h_m，

从而得到膜电极与环境之间的热量交换。

所以膜电极的总的热量损失计算如下。

$$\dot{Q}_{m,loss} = \dot{Q}_{m,a} + \dot{Q}_{m,c} + \dot{Q}_{m,amb} \qquad (6.20)$$

质子交换膜与催化层温度计算模型如下。

$$c_m m_m \mathrm{d} T_m = \dot{Q}_{m,gen} - \dot{Q}_{m,loss} \qquad (6.21)$$

式中，$\dot{Q}_{m,a}$，$\dot{Q}_{m,c}$，$\dot{Q}_{m,amb}$ 分别是质子交换膜与催化层向阳极 GDL、阴极 GDL 和环境传导的热量。

6.2.2

气体扩散层温度模型

气体扩散层热平衡如图 6.10 所示。

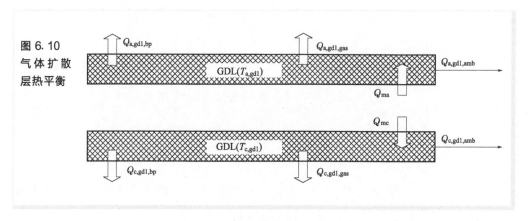

图 6.10
气体扩散
层热平衡

气体扩散层本身不会产生热量，主要与膜电极、流道中的气体以及环境中的空气进行热交换。尽管在温度分层模型的示意图中，气体扩散层和双极板之间没有直接接触，但在实际情况下，两者存在接触界面，需要对双极板和气体扩散层之间的热量交换进行计算。

由于气体扩散层温度低于膜电极，所以假设气体扩散层从膜电极获得热量，即

$$\dot{Q}_{a,gdl,gen} = \dot{Q}_{m,a} = k_{m,a}A_a(T_m - T_{a,gdl}) \tag{6.22}$$

$$\dot{Q}_{c,gdl,gen} = \dot{Q}_{m,a} = k_{m,c}A_c(T_m - T_{c,gdl}) \tag{6.23}$$

参考膜电极与环境的自由热对流的计算方式，气体扩散层与环境空气的换热率为

$$\dot{Q}_{a,gdl,amb} = h_{gdl}A_{gdl,ter}(T_{a,gdl} - T_0) \tag{6.24}$$

$$\dot{Q}_{c,gdl,amb} = h_{gdl}A_{gdl,ter}(T_{c,gdl} - T_0) \tag{6.25}$$

式中，h_{gdl} 是气体扩散层与空气的换热系数，其计算方式与膜电极的计算方式一致；$A_{gdl,ter}$ 是气体扩散层与环境中空气接触的面积。

假设流道中气体的温度低于气体扩散层的温度，而且其传热方式是非圆管强制对流传热，则气体扩散层与流道中气体的换热率为

$$\dot{Q}_{a,gdl,gas} = h_{gdl,gas}A_{gdl}(T_{a,gdl} - T_{a,gas}) \tag{6.26}$$

$$\dot{Q}_{c,gdl,gas} = h_{gdl,gas}A_{gdl}(T_{c,gdl} - T_{c,gas}) \tag{6.27}$$

式中，$h_{gdl,gas}$ 是流道中气体与气体扩散层之间的强制对流换热系数，由于流道是矩形，换热系数的计算公式使用非圆管强制对流传热模型，其计算方式如下。

$$h_{gdl,gas} = \frac{J_H c_{gdl} G}{Pr^{\frac{2}{3}}} \tag{6.28}$$

式中，$h_{\text{gdl,gas}}$ 是平均对流换热系数；Pr 是普朗特数；J_H 是柯尔本 J 因子；G 是质量流量；c_{gdl} 是气体扩散层的比热容。

柯尔本 J 因子 J_H，计算公式如下。

$$J_H = \frac{Nu}{Re \times Pr^{\frac{2}{3}}} \tag{6.29}$$

其数值与流体的雷诺数数值有关，当流体雷诺数 $Re > 3500$ 时

$$J_H = 0.023 Re^{-0.2} B_1 \tag{6.30}$$

当流体是气体时，$B_1 = 1$。

综合以上各式，就可以计算得到气体扩散层和流道气体之间的对流给热系数，进而求得换热率。

气体扩散层的热量损耗计算公式如下。

$$\dot{Q}_{\text{a,gdl,loss}} = \dot{Q}_{\text{a,gdl,amb}} + \dot{Q}_{\text{a,gdl,gas}} \tag{6.31}$$

$$\dot{Q}_{\text{c,gdl,loss}} = \dot{Q}_{\text{c,gdl,amb}} + \dot{Q}_{\text{c,gdl,gas}} \tag{6.32}$$

同样的假设，气体扩散层的温度高于双极板，气体扩散层向双极板传导热量，其计算公式如下。

$$\dot{Q}_{\text{a,gdl,bp}} = k_{\text{gdl,bp}} A_{\text{gdl,bp}} (T_{\text{a,gdl}} - T_{\text{a,bp}}) \tag{6.33}$$

$$\dot{Q}_{\text{c,gdl,bp}} = k_{\text{gdl,bp}} A_{\text{gdl,bp}} (T_{\text{c,gdl}} - T_{\text{c,bp}}) \tag{6.34}$$

式中，$A_{\text{gdl,bp}}$ 是双极板和气体扩散层之间的接触面积，其数值为气体扩散层与膜电极接触面积的一半，即 $A_{\text{gdl,bp}} = 0.5 A_{\text{m}}$；$k_{\text{gdl,bp}}$ 是气体扩散层和双极板之间的传热系数，其计算方式可以参考膜电极和气体扩散层之间的传热系数的计算，其表达式如下。

$$h_{\text{gdl,bp}} = \frac{1}{\dfrac{\delta_{\text{gdl}}}{2}{k_{\text{gdl}}} + \dfrac{\delta_{\text{bp}}}{2}{k_{\text{bp}}}} \tag{6.35}$$

燃料电池-蓄电池
混合电源系统低温启动建模

式中，δ_{gdl}，δ_{bp} 分别是气体扩散层和双极板的厚度；k_{gdl}，k_{bp} 分别是气体扩散层和双极板材料的热导率。

所以气体扩散层的热量损失表达式为

$$\dot{Q}_{a,gdl,loss} = \dot{Q}_{a,gdl,gas} + \dot{Q}_{a,gdl,bp} \tag{6.36}$$

$$\dot{Q}_{c,gdl,loss} = \dot{Q}_{c,gdl,gas} + \dot{Q}_{c,gdl,bp} \tag{6.37}$$

综合以上公式，气体扩散层的温度变化表达方式如下。

$$c_{gdl} m_{gdl} \mathrm{d}T_{a,gdl} = \dot{Q}_{a,gdl,gen} - \dot{Q}_{a,gdl,loss} \tag{6.38}$$

$$c_{gdl} m_{gdl} \mathrm{d}T_{c,gdl} = \dot{Q}_{c,gdl,gen} - \dot{Q}_{c,gdl,loss} \tag{6.39}$$

6.2.3

气体流道层温度模型

气体流道层温度模型如图 6.11 所示。

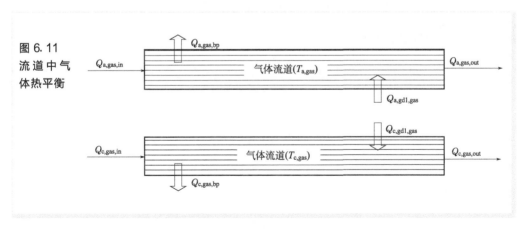

图 6.11 流道中气体热平衡

流道中气体存在于边界固定的开口系统，其热量的产生主要是进气带入的热量和与气体扩散层的对流传热，其计算方式如下。

$$\dot{Q}_{a,gas,gen} = \dot{Q}_{a,gas,in} + \dot{Q}_{a,gal,gas} = (\dot{m}c)_{a,in} T_{a,in} + \dot{Q}_{a,gdl,loss} \tag{6.40}$$

$$\dot{Q}_{c,gas,gen} = \dot{Q}_{c,gas,in} + \dot{Q}_{c,gal,gas} = (\dot{m}c)_{c,in} T_{c,in} + \dot{Q}_{c,gdl,loss} \tag{6.41}$$

式中，$T_{a,in}$，$T_{c,in}$ 分别是阳极和阴极进气的温度；$(\dot{m}c)_{a,in}$，$(\dot{m}c)_{c,in}$ 分别是阳极和阴极进气的流量及比热容。

流道中气体的热量损失主要包含出口气体带走的热量和与双极板之间的热对流。出口带走的热量计算方式如下。

$$\dot{Q}_{a,gas,out} = (\dot{m}c)_{a,gas,out} T_{a,gas,out} \tag{6.42}$$

$$\dot{Q}_{c,gas,out} = (\dot{m}c)_{c,gas,out} T_{c,gas,out} \tag{6.43}$$

式中，$T_{a,gas,out}$，$T_{c,gas,out}$ 分别是阴极和阳极的出口气体温度，将真实反映气体流道中的温度分布简化成线性分布，所以出口处的气体温度计算方式为

$$T_{a,gas,out} = 2T_{a,gas} - T_{a,in}$$
$$T_{c,gas,out} = 2T_{c,gas} - T_{c,in} \tag{6.44}$$

类似于气体扩散层与流道气体的热对流，双极板和流道气体的对流传热率为

$$\dot{Q}_{a,gas,bp} = h_{gas,bp} A_{bp} (T_{a,gas} - T_{a,bp}) \tag{6.45}$$

$$\dot{Q}_{c,gas,bp} = h_{gas,bp} A_{bp} (T_{c,gas} - T_{c,bp}) \tag{6.46}$$

式中，$h_{gas,bp}$ 是流道气体层与双极板层之间的给热系数；$T_{a,bp}$，$T_{c,bp}$ 分别是阳极和阴极双极板的温度；A_{bp} 是双极板和流道气体之间的接触面积。

所以，流道气体的热量损失为

$$\dot{Q}_{a,loss} = \dot{Q}_{a,gas,bp} + \dot{Q}_{a,gas,out} \tag{6.47}$$

$$\dot{Q}_{c,loss} = \dot{Q}_{c,gas,bp} + \dot{Q}_{c,gas,out} \tag{6.48}$$

综合以上公式，流道中气体温度可以由以下公式得到。

$$c_{a,gas} m_{a,gas} dT_{a,gas} = \dot{Q}_{a,gas,gen} - \dot{Q}_{a,gas,loss} \tag{6.49}$$

$$c_{c,gas} m_{c,gas} dT_{c,gas} = \dot{Q}_{c,gas,gen} - \dot{Q}_{c,gas,loss} \tag{6.50}$$

6.2.4

双极板温度模型

双极板热平衡如图 6.12 所示。

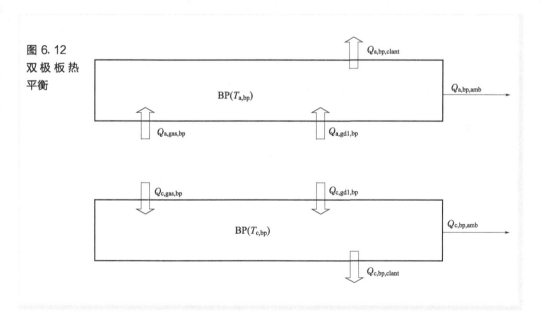

图 6.12
双极板热
平衡

双极板与外界环境之间有比较大的接触面积，是燃料电池单体主要的散热方式，而且双极板内部不会产生热量，其热量来源主要是与流道中气体进行热对流换热以及与气体扩散层之间的热传导换热，而且两者的计算方式在之前的模型中有详细的计算公式，就不再赘述。

所以，双极板的产热表达式如下。

$$\dot{Q}_{a,bp,gen} = \dot{Q}_{a,gas,bp} + \dot{Q}_{a,gdl,bp} \tag{6.51}$$

$$\dot{Q}_{c,bp,gen} = \dot{Q}_{c,gas,bp} + \dot{Q}_{a,gdl,bp} \tag{6.52}$$

双极板的热量损失包含两部分：一是双极板表面与环境之间的热交换，二是双极板与流道中冷却液的热量交换。

双极板与环境空气之间的平板自由对流传热的传热率为

$$\dot{Q}_{a,bp,amb} = h_0 A_{a,bp}(T_{a,bp} - T_0) \tag{6.53}$$

$$\dot{Q}_{c,bp,lamb} = h_0 A_{c,bp}(T_{c,bp} - T_0) \tag{6.54}$$

式中，$A_{a,bp}$，$A_{c,bp}$ 分别是阳阴极双极板与环境空气接触的面积；h_0 是双极板和空气的换热系数，其计算方式与膜电极和环境空气之间的换热系数相同。

$$h_0 = \frac{Nu \times k_{air}}{L} \tag{6.55}$$

式中，L 是结构特征尺寸，对于水平平板其数值为 $L = A/C$（其中 A 是表面积，L 为平板周长）。

双极板和冷却液之间的热交换比较复杂，因为在燃料电池正常工作过程中，冷却循环开启，冷却液作为燃料电池的主要冷却手段会带走大量的热量，但是在冷启动过程中，一般冷却循环不会开启，冷却液和双极板之间没有相对流动。有时冷启动时也会通过加热冷却液的方式进行辅助冷启动，在这种情况下，冷却液可以看作是对流热源。所以，双极板与冷却流道之间的热交换分为两种情

燃料电池-蓄电池
混合电源系统低温启动建模

况：第一种，冷却循环开启，冷却液与双极板存在相对流动；第二种，冷却循环关闭，冷却液与双极板不存在强制对流。

双极板与冷却液之间的对流换热率表达式为

$$\dot{Q}_{a,bp,clant} = h_{a,bp,clant} A_{bp} (T_{a,bp} - T_{a,clant}) \tag{6.56}$$

$$\dot{Q}_{c,bp,clant} = h_{c,bp,clant} A_{bp} (T_{c,bp} - T_{c,clant}) \tag{6.57}$$

式中，$h_{a,bp,clant}$，$h_{c,bp,clant}$ 分别是阳阴极双极板和冷却液之间的换热系数，分为两种情况进行计算。

第一种情况，冷却循环开启，因为本书的模型主要是应用于冷启动过程的仿真，所以假设冷却液温度低于双极板温度，即 $T_{clant} < T_{bp}$；因为冷却流道截面是矩形，所以使用非圆管强制对流传热进行计算，计算方式与气体扩散层和反应气体之间的换热系数一致。

$$h_{bp,clant} = \frac{J_H c_{bp} G}{Pr^{\frac{2}{3}}} \tag{6.58}$$

第二种情况，冷却循环关闭，冷却液与双极板之间没有强制对流运动，采用平板自由对流传热模型，对传热率进行计算，计算方式与双极板和环境空气之间的自由热对流相同。

$$h_{bp,clant} = \frac{Nu \times k_{clant}}{L} \tag{6.59}$$

式中，L 是系统的特征尺寸参数，将冷却流道展开来拟合水平平板自由对流的传热，其数值为 $L = A/C$（其中 A 是双极板和冷却液接触的表面积，L 为冷却流道展开后平面的周长）。

所以双极板的热量损失率为

$$\dot{Q}_{a,bp,loss} = \dot{Q}_{a,bp,amb} + \dot{Q}_{a,bp,clant} \tag{6.60}$$

$$\dot{Q}_{c,bp,loss} = \dot{Q}_{c,bp,amb} + \dot{Q}_{c,bp,clant} \tag{6.61}$$

所以，燃料电池双极板的温度表达方式如下。

$$c_{a,bp}m_{a,bp}\mathrm{d}T_{a,bp} = \dot{Q}_{a,bp,gen} + \dot{Q}_{a,bp,loss}$$

$$c_{c,bp}m_{c,bp}\mathrm{d}T_{c,bp} = \dot{Q}_{c,bp,gen} + \dot{Q}_{c,bp,loss} \tag{6.62}$$

6.2.5

冷却液流道层温度模型

冷却液流道主要通过冷却液与双极板进行热交换，冷却液层的热量变化还与冷却液进出流道带来和带走的热量有关。冷却流道层的热平衡如图 6.13 所示。

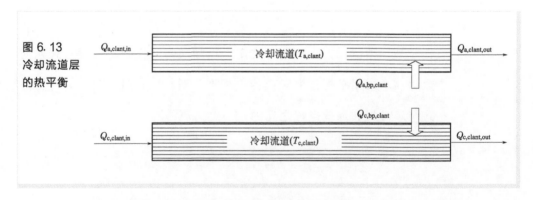

图 6.13 冷却流道层的热平衡

因为本书建立的燃料电池模型主要用于冷启动过程仿真，冷却循环有两种工作模式：一种是在电池温度较低的时候燃料电池冷却循环关闭；另一种是当燃料电池上升到一定温度，开启冷却循环进行散热。所以冷却液流道的热平衡需要分两种情况进行分析。

若冷却循环关闭，在燃料电池冷启动过程中没有冷却液进出冷

却流道，即

$$\dot{Q}_{\mathrm{a,clant,in}}=\dot{Q}_{\mathrm{a,clant,out}}=0 \qquad (6.63)$$

$$\dot{Q}_{\mathrm{c,clant,in}}=\dot{Q}_{\mathrm{c,clant,out}}=0 \qquad (6.64)$$

若冷却循环开启，进入冷却流道带来的热量计算方式如下。

$$\dot{Q}_{\mathrm{a,clant,in}}=(\dot{m}c)_{\mathrm{a,clant,in}}T_{\mathrm{a,clant,in}} \qquad (6.65)$$

$$\dot{Q}_{\mathrm{c,clant,in}}=(\dot{m}c)_{\mathrm{c,clant,in}}T_{\mathrm{c,clant,in}} \qquad (6.66)$$

冷却液离开流道时带走的热量计算方式如下。

$$\dot{Q}_{\mathrm{a,clant,out}}=(\dot{m}c)_{\mathrm{a,clant,out}}T_{\mathrm{a,clant,out}} \qquad (6.67)$$

$$\dot{Q}_{\mathrm{c,clant,out}}=(\dot{m}c)_{\mathrm{c,clant,out}}T_{\mathrm{c,clant,out}} \qquad (6.68)$$

式中，$T_{\mathrm{a,clant,out}}$，$T_{\mathrm{c,clant,out}}$ 分别是阳极、阴极冷却液离开流道时的温度，将真实的冷却流道中温度的分布简化成线性分布，那么可以得到出口处温度值

$$T_{\mathrm{a,clant,out}}=2T_{\mathrm{a,clant}}-T_{\mathrm{a,clant,in}} \qquad (6.69)$$

$$T_{\mathrm{c,clant,out}}=2T_{\mathrm{c,clant}}-T_{\mathrm{c,clant,in}} \qquad (6.70)$$

所以冷却流道的产热率表达式如下。

$$\dot{Q}_{\mathrm{a,clant,gen}}=\dot{Q}_{\mathrm{a,clant,in}}+\dot{Q}_{\mathrm{a,bp,clant}} \qquad (6.71)$$

$$\dot{Q}_{\mathrm{c,clant,gen}}=\dot{Q}_{\mathrm{c,clant,in}}+\dot{Q}_{\mathrm{c,bp,clant}} \qquad (6.72)$$

冷却流道的热量损耗率表达方式如下。

$$\dot{Q}_{\mathrm{a,clant,loss}}=\dot{Q}_{\mathrm{a,clant,out}} \qquad (6.73)$$

$$\dot{Q}_{\mathrm{c,clant,loss}}=\dot{Q}_{\mathrm{c,clant,out}} \qquad (6.74)$$

所以冷却流道中冷却液的温度表达式如下。

$$c_{a,clant} m_{a,clant} dT_{a,clant} = \dot{Q}_{a,clant,gen} + \dot{Q}_{a,clant,loss}$$

$$\text{(6.75)}$$

$$c_{c,clant} m_{c,clant} dT_{c,clant} = \dot{Q}_{c,clant,gen} + \dot{Q}_{c,clant,loss}$$

6.2.6

单体温度分布仿真模型

本书建立的仿真模型所采用的参数如表 6.1 和表 6.2 所示。

表 6.1　燃料电池基本结构尺寸

参数	数值
电池反应面积	$235cm^2$
单体长度×宽度	100mm×100mm
质子交换膜厚度	0.178
催化层厚度	0.01
气体扩散层厚度	0.2
冷却液流道(截面积×N)	$2×1×25mm^2$
反应气体流道(截面积×N)	$1×1×50mm^2$

表 6.2　燃料电池材料物理特性

参数	数值
质子交换膜等效质量	1100kg/kmol
质子交换膜密度	$1980kg/m^3$
CL、GDL、BP 密度	$1000kg/m^3$
孔隙率:CL、GDL	0.5、0.6
比热容:膜、CL、GDL、BP	833、3300、568、1580J/(kg · K)
热导率:膜、CL、GDL、BP	0.95、1.0、1.0、20W/(m · K)

燃料电池单体温度分层模型各层之间的数据传输示意如图 6.14 所示。

燃料电池-蓄电池
混合电源系统低温启动建模

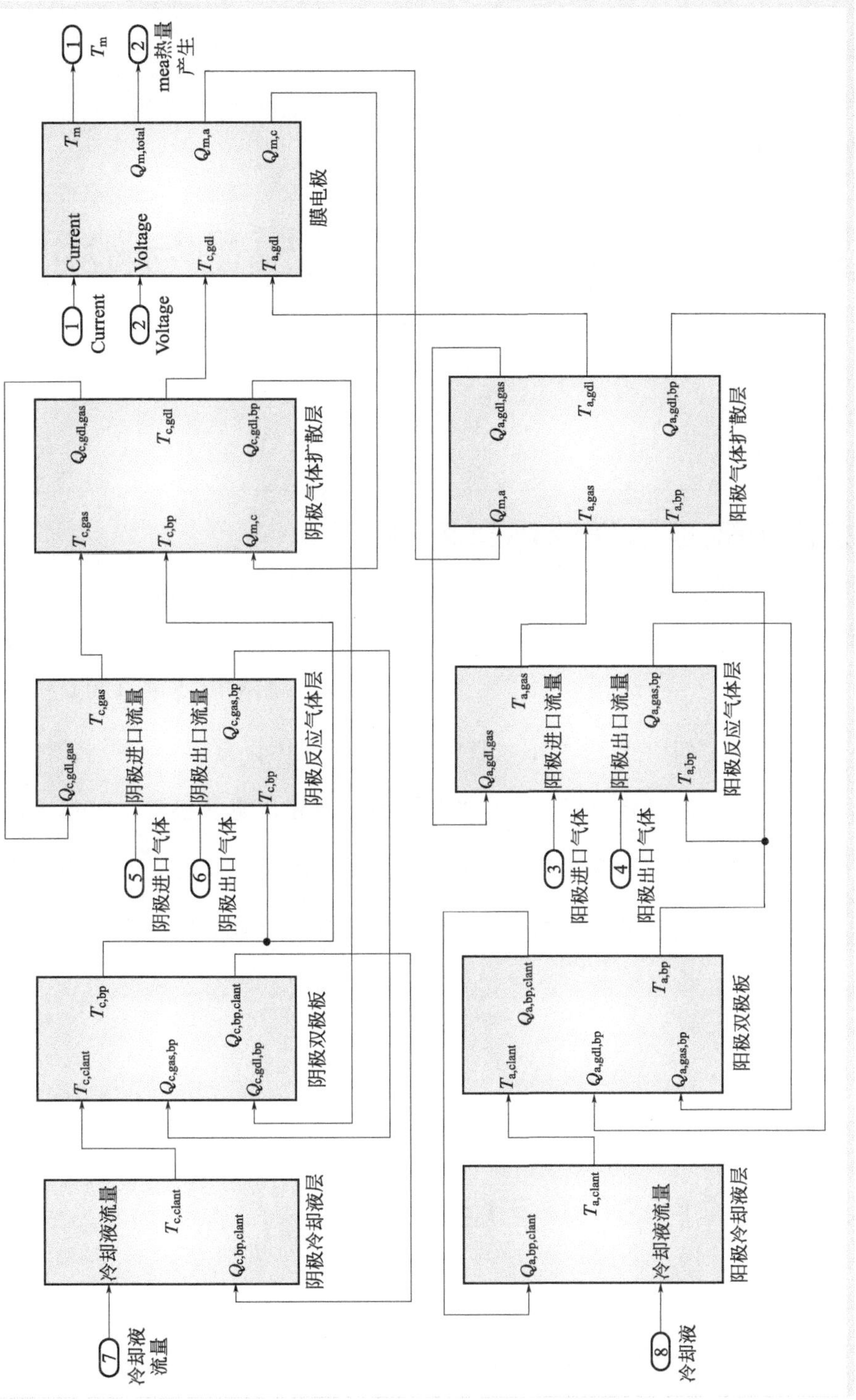

图 6.14
燃料电池单体温度分层模型各层之间的数据传输示意

6.3

燃料电池单体低温仿真模型与验证

6.3.1

燃料电池单体低温仿真模型

结合本章与第5章建模内容，燃料电池单体低温仿真模型结构如图6.15所示，其中包含阳极气体流量模型、阴极气体流量模型、温度分层模型、水平衡模型以及输出电压模型。燃料电池进气状态和冷却液状态作为整个仿真模型的输入以及蓄电池-燃料电池混合系统的接口，另外仿真过程中的环境温度、电流等相关参数作为燃料模型内部的自定义参数，不作为模型的输入参数。

6.3.2

253.15K 启动仿真与验证

关键仿真参数见表6.3。

燃料电池-蓄电池
混合电源系统低温启动建模

图 6.15
燃料电池单体低温仿真模型结构

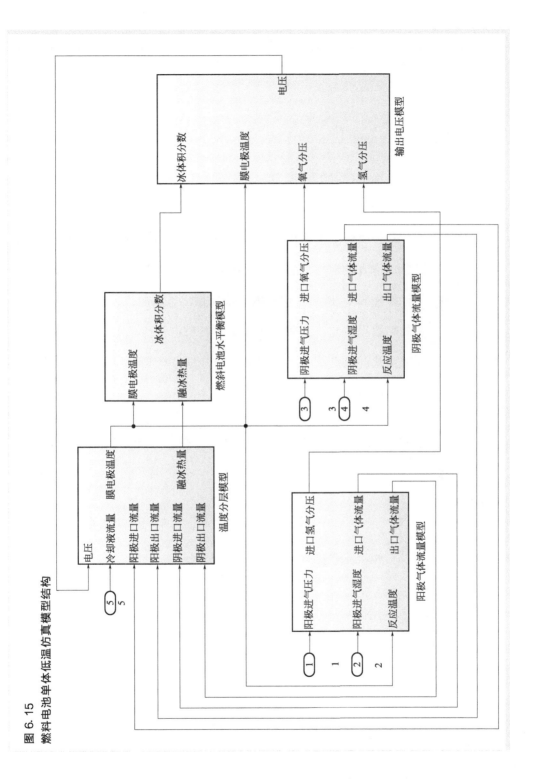

表 6.3　关键仿真参数

参数	数值
环境温度	253.15K
仿真电流密度	40mA/cm^2
初始膜含水量	6.2

电池的电流密度在 80s 的时间内匀速增加到 40mA/cm^2，然后保持稳定。

基于燃料电池输出电压试验数据对燃料电池模型进行验证，低温启动仿真数据与试验数据对比如图 6.16 所示。

如图 6.16 所示，燃料电池单体输出电压的仿真数据能够很好地和试验数据拟合，表明本书建立的燃料电池冷启动模型能够较为准确地反映燃料电池冷启动过程中的性能，模型可以作为研究燃料电池冷启动性能的工具。

图 6.16 低温启动仿真数据与试验数据对比

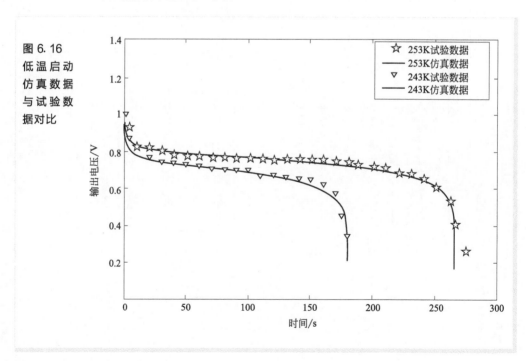

为了进一步研究燃料电池冷启动过程中相关参数的变化，尤其是温度变化和分布，基于建立的模型，本书对 253.15K 温度下的冷启动过程进行仿真分析，相关结果与分析如下。

根据图 6.17 可以直观得到冷启动过程中燃料电池单体各层的温度变化过程。膜电极作为主要热源而且其热质量较小，温度上升速率最快，气体扩散层和双极板的主体部分增长速率依次减小。冷却液层与反应气体层远离热源而且主要与双极板接触，其温度上升速率最慢。在启动过程的初始阶段，由于反应气体与温度较高的气体扩散层有直接的接触，而且相对较小的热质量，温度上升速率大于冷却液温度上升速率。但是由于气体反应层是开口系统，不断有新的低温气体注入，温度增加速率减小，冷却液层由于冷却循环关闭没有低温冷却液注入，随着与双极板之间的温差增大，其温度增长速率增加，在启动过程中后段冷却液层温度超过反应气体层。

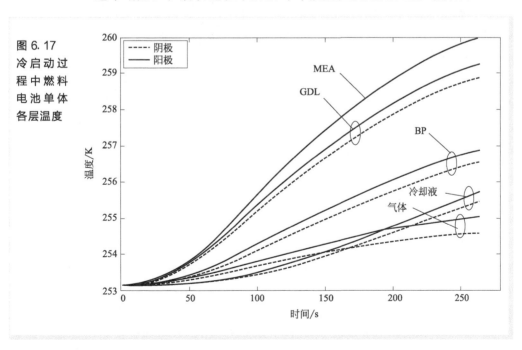

图 6.17 冷启动过程中燃料电池单体各层温度

图 6.18 直观展示了冷启动停机前单体各层温度的空间分布。膜电极和气体扩散层之间温差较小，在 1K 之内，气体扩散层与反应气体之间的温差最大，大于 4K，双极板与气体扩散层直接接触而且有较高的换热系数，温度高于反应气体，冷却液温度高于反应气体层。根据图 6.18 还可以直观地得到燃料电池单体阴极侧温度略高于阳极侧，主要因为阳极侧反应气体氢气的比热容远高于空气的比热容，导致阳极气体扩散层和双极板温度低于阴极侧，较低的双极板温度直接导致阳极侧冷却液温度较阴极低。

图 6.18
冷启动停机前单体各层温度的空间分布（左侧为阴极）

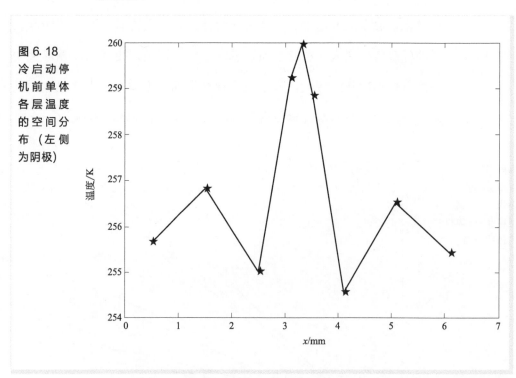

从图 6.19 中可以得到在冷启动过程中冰积累趋势，在整个过程中冰的体积分数基本保持匀速增加，只是在启动过程的初段和终段冰的积累速度较小。在初段冰的体积分数增加缓慢，主要是因为电

燃料电池-蓄电池
混合电源系统低温启动建模

池内部水蒸气未饱和，而且水质子交换膜和催化层会吸收一部分结合水。启动过程终段冰积累速度放缓是因为积累的冰覆盖燃料电池催化层反应区域，进而导致反应产生的水减少。

图 6.19
冰 的 体 积
分数变化

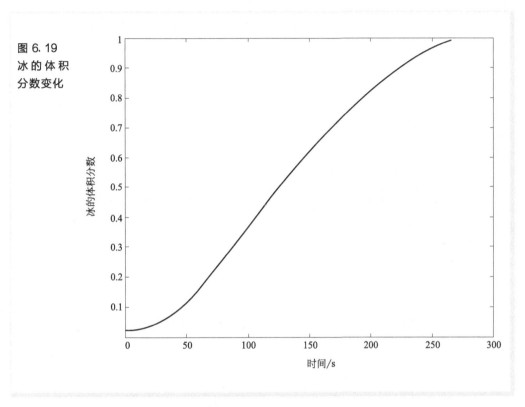

根据图 6.20 可以得到，由于冷启动仿真过程中的电流密度较小，欧姆损失在整个冷启动过程中对电压输出的影响不明显。在冷启动过程的初期和中期，燃料电池的电压损失主要因素是活化损失，因为温度对燃料电池的活化损失有直接且明显的影响。在反应的初始阶段，随着电流密度的增加，活化损失显著增加，在反应的中段电流密度达到 40mA/cm² 并保持，活化损失增势趋缓，尽管温度增加会降低活化损失，但是冰也会逐渐积累导致活化损失逐渐增大。结合图 6.17，在反应的后段，温度增加趋势放缓，随着冰的体

积分数的增加活化损失增速变大。浓差极化损失在启动过程初始阶段和中段对燃料电池电压输出没有明显影响，但是随着冰体积分数逐步增加，燃料电池阴极催化层反应面积减少，导致浓差极化损失逐步增加，尤其是在反应的最后时刻，浓差极化损失急剧增大，直接导致了燃料电池停机。

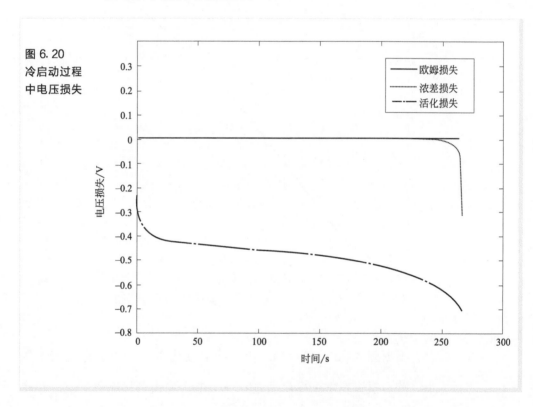

图 6.20
冷启动过程
中电压损失

6.3.3

270.15K 启动仿真与验证

仿真参数见表 6.4。

表 6.4 仿真参数

参数	数值
环境温度	270.15K
仿真电流密度	40mA/cm^2
初始膜含水量	6.2

电池的电流密度在 80s 的时间内匀速增加到 40mA/cm^2，然后保持稳定。

将仿真结果与冷启动试验数据进行对比，结果如图 6.21 所示，仿真结果与试验结果拟合较好，模型可以适用于冷启动成功案例的相关研究。

图 6.21 仿真电压与试验电压对比

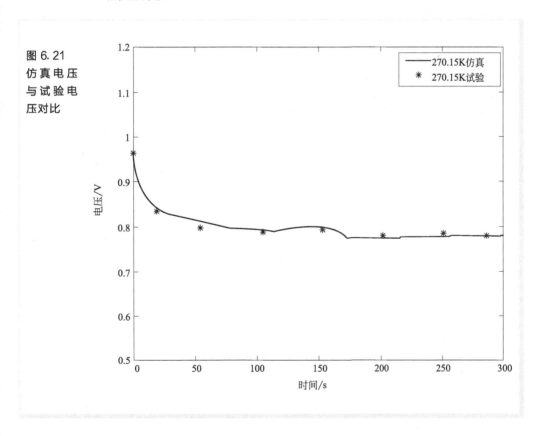

如图 6.22 所示，燃料电池膜电极温度在 120s 时达到 273.15K（冰点），催化层积累的冰开始融化，由于膜电极反应产生的热量转化为冰融化的潜热，膜电极的温度维持不变，直到催化层内的冰完全融化，膜电极温度开始上升。

图 6.22
催化层冰
体积分数
和膜电极
温度

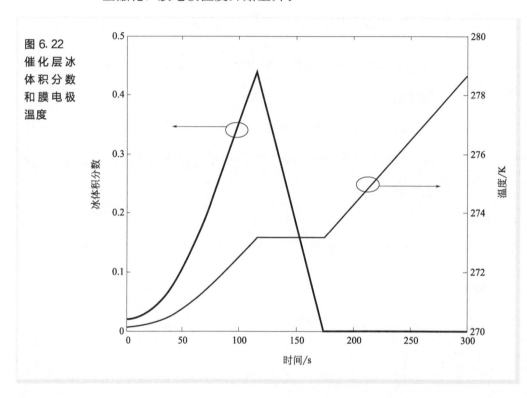

6.4

本章小结

本章综合考虑了燃料电池冷启动过程中的水的相变、热传导和

燃料电池-蓄电池
混合电源系统低温启动建模

热对流，将燃料电池单体各个部件的温度单体建模，得到了燃料电池温度分层模型，并基于实验数据对冷启动失败与成功两种工况进行验证，模型能够准确反映冷启动过程中输出电压的变化，其能够仿真电池单体各部分温度随着时间的变化以及各层之间的分布，而且模型可以用于探究操作参数和电池结构参数对燃料电池性能属性的影响。本章建立的燃料电池单体温度分层模型为后续章节电堆温度模型的建立提供必要的基础。

第 7 章

燃料电池电堆温度分层模型

7.1

燃料电池电堆温度分层建模

7.1.1

燃料电池电堆温度分层模型结构

如图 7.1 所示，假设电堆只有端板和螺栓作为封装与紧固件，电堆没有外壳包裹而是与环境空气直接接触，因为不同的燃料电池封装工艺会产生不同的换热系数以及燃料电池的冷启动性能，为了保持电堆性能与单体性能的一致性，电堆温度模型的建立不考虑燃料电池的封装工艺。

根据实际的燃料电池电堆单体的排列方式搭建电堆的温度分层模型示意，如图 7.2 所示。

电堆温度分层模型需要在单体温度模型的基础上添加单体之间的传热模型，而且和两端板接触的单体的传热方式与电堆内部的单体存在差异，需要重新建模。

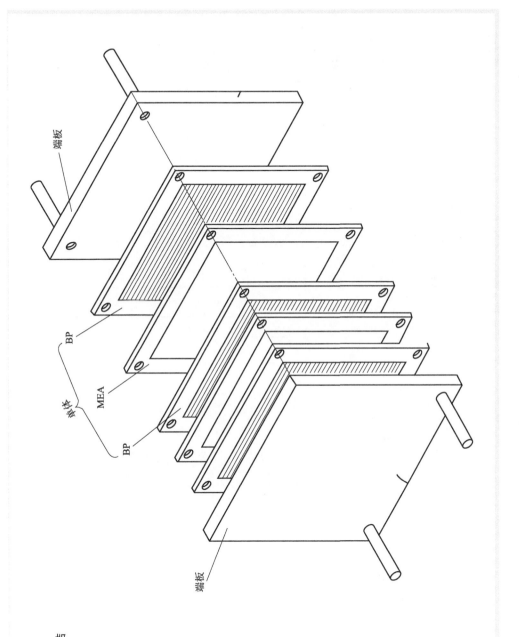

图 7.1
燃料电池电池堆结构示意

端板

BP

MEA

单体

BP

端板

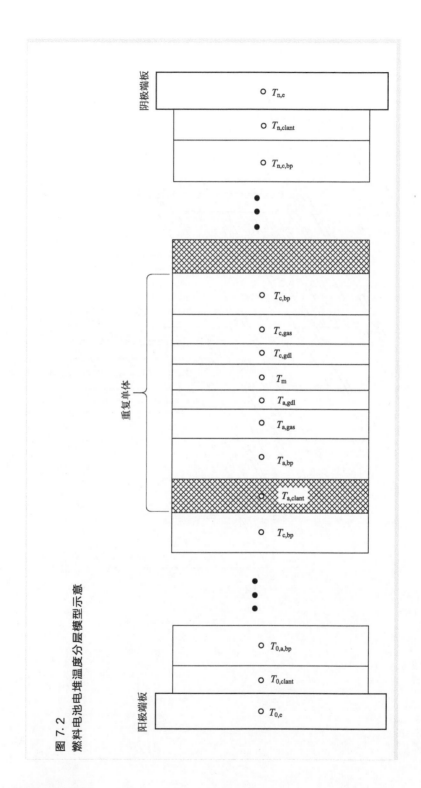

图 7.2
燃料电池电堆温度分层模型示意

燃料电池-蓄电池
混合电源系统低温启动建模

7.1.2

接触端板的单体传热

如图 7.3 所示，电堆阳极方向第一个燃料电池单体与端板直接接触，由于电堆装配使用的端板相对于燃料电池单体具备较大的热容量，所以接近端板的燃料电池单体温度上升会比其他单体慢很多，因此需要对接触端板的单体单独进行热平衡分析，其中需要重新进行热量传输分析的部件有阳极双极板、流道和端板，其他部件热量传输方式与第 6 章中介绍的燃料电池单体温度分层模型一致，不用重新进行分析建模。

图 7.3
电堆阳极端板

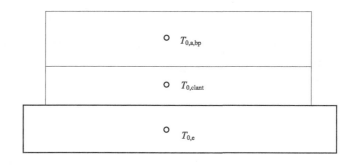

与端板接触的单体双极板热平衡如图 7.4 所示。

如图 7.4 所示，相比于燃料电池单体的热平衡，双极板与环境空气进行自由对流换热的大平面换成了与端板接触传热，只剩余厚度方向的小平面与环境接触，其他的传热如与气体扩散层之间的热传导和与流道中气体、冷却液的热对流传热没有变化，根据示意图建立双极板的温度模型公式如下。

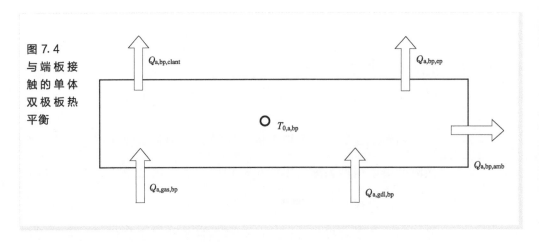

图 7.4
与端板接触的单体双极板热平衡

$$(mc)_{a,bp} dT_{0,a,bp} = \dot{Q}_{a,gas,bp} - \dot{Q}_{a,bp,clant} - \dot{Q}_{a,bp,ep} - \dot{Q}_{a,bp,amb} \quad (7.1)$$

式中，$\dot{Q}_{a,bp,ep}$ 是双极板与端板之间的传热率，其计算公式如下。

$$\dot{Q}_{a,bp,ep} = h_{bp,ep} A_{bp} (T_{0,a,bp} - T_e) \quad (7.2)$$

式中，$h_{bp,ep}$ 是双极板与端板之间的换热系数，根据多层平壁之间的传热模型，其计算方式如下。

$$h_{bp,ep} = \cfrac{1}{\cfrac{\delta_{bp}}{2}{k_{bp}} + \cfrac{\delta_{ep}}{2}{k_{ep}}} \quad (7.3)$$

式中，δ_{bp}，δ_{ep} 分别是双极板和端板的厚度；k_{bp}，k_{ep} 分别是双极板和端板的热导率，是材料的物理特性。

联合以上各式以及第 6 章中的参数的相关计算，可以得到与端板接触的双极板的温度。

端板作为整个电堆的固定件，其质量和热容量不可忽视，其热

燃料电池-蓄电池
混合电源系统低温启动建模

量交换比较简单，主要是与环境空气的平板自由热对流换热以及双极板之间的热传导，其热平衡模型如图7.5所示。

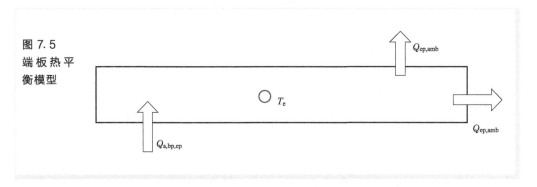

根据热平衡示意图，建立端板的温度表达式如下。

$$(mc)_{ep} dT_e = \dot{Q}_{a,bp,ep} - \dot{Q}_{ep,amb} \tag{7.4}$$

式中，$\dot{Q}_{ep,amb}$ 是双极板与环境之间的传热率，其表达式如下。

$$\dot{Q}_{ep,amb} = h_{ep} A_{ep} (T_e - T_0) \tag{7.5}$$

式中，A_{ep} 是端板与环境接触的总面积；h_{ep} 是端板和空气的换热系数，采用平板自由热对流公式进行计算。

$$h_{ep} = \frac{Nu \times k_{air}}{L} \tag{7.6}$$

相关参数的计算方式在第6章中有详细的介绍，此处不做赘述。

结合以上各式和第6章中相关参数的计算可以得到端板的温度。

尽管实际上和短板接触电池的冷却液层与端板没有直接接触，但是相比于其他单体的冷却液层，缺少了来自前一个单体双极板的热量输入，所以需要单独进行热量传输分析，与端板接触电池的冷却液层热平衡模型如图7.6所示。

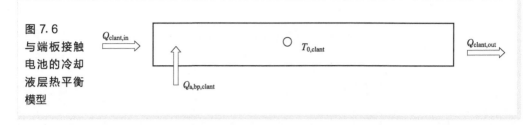

图 7.6
与端板接触
电池的冷却
液层热平衡
模型

从冷却液层热平衡示意图中可以得到其热量交换情况与电池单体的阳极或者阴极的冷却液层一致，所以其温度模型表达式是

$$(mc)_{\text{clant}}\,\mathrm{d}T_{0,\text{clant}}=\dot{Q}_{\text{a,bp,clant}}+\dot{Q}_{\text{clant,in}}-\dot{Q}_{\text{clant,out}} \qquad (7.7)$$

式中相关参数的计算在第 6 章中有详细介绍，此处不做赘述。

如图 7.7 所示，燃料电池电堆阴极方向和端板接触单体的状态与阳极的类似，只不过与端板接触的部件由阳极双极板转换成了阴极双极板，所以其温度分布模型应该与阳极对称，详细的温度分布模型不在这里赘述。

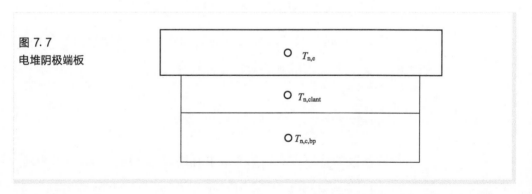

图 7.7
电堆阴极端板

7.1.3

电堆单体间传热

如图 7.8 所示，燃料电池电堆中双极板中包含两个气体流道和

燃料电池-蓄电池
混合电源系统低温启动建模

一个冷却液流道,不同单体之间连接时通过双极板来实现,相邻单体之间使用同一个双极板和同一个冷却液流道,为了能够对单体之间的传热进行建模,需要对燃料电池双极板进行建模,基于第6章提出的分层模型,将双极板分为5层,分别是气体流道层、双极板层、冷却流道层、双极板层、气体流道层,尽管分层模型示意图中有两层双极板层,实际上两个双极板层是一个整体,而且热量在单一物体中的传输效率远高于不同物体间的传输效率,因此假设两个双极板层温度相等。

图 7.8
电堆中双极板结构

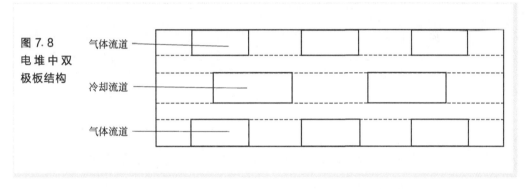

建立电堆中双极板温度分层模型如图 7.9 所示,相邻单体之间

图 7.9
建立电堆中双极板温度分层模型

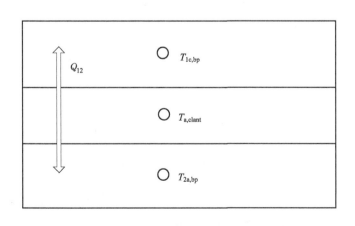

的界面是冷却流道层和双极板，如果要求解两个单体之间的热量传递，可以把冷却流道层作为两个单体之间的热量交换界面，即两个单体都与冷却流道层进行热交换。利用这样的方式，高温的单体就可以通过将冷却流道层温度升高的方式把热量传给温度较低的单体，完成热量在电堆单体之间的传递。

电堆冷却流道热平衡模型示意如图 7.10 所示。

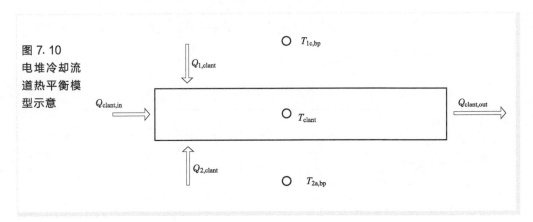

图 7.10 电堆冷却流道热平衡模型示意

根据电堆冷却流道热平衡示意图，建立两个单体之间的冷却流道层的温度模型。

$$(mc)_{\text{clant}} dT_{\text{clant}} = \dot{Q}_{1,\text{clant}} + \dot{Q}_{2,\text{clant}} + \dot{Q}_{\text{clant,in}} - \dot{Q}_{\text{clant,out}} \qquad (7.8)$$

式中，$\dot{Q}_{1,\text{clant}}$，$\dot{Q}_{2,\text{clant}}$ 分别是单电池 1 和单电池 2 传导给冷却液层的热量；$\dot{Q}_{\text{clant,in}}$，$\dot{Q}_{\text{clant,out}}$ 分别是进出冷却液层的热量。

相邻两个单电池传导给冷却液的传热率计算方式如下。

$$\dot{Q}_{1,\text{clant}} = h_{1,\text{bp,clant}} A_{\text{clant}} (T_{1\text{c,bp}} - T_{\text{clant}}) \qquad (7.9)$$

$$\dot{Q}_{2,\text{clant}} = h_{2,\text{bp,clant}} A_{\text{clant}} (T_{2\text{a,bp}} - T_{\text{clant}}) \qquad (7.10)$$

式中，其中 $T_{1\text{c,bp}}$，$T_{2\text{a,bp}}$ 分别是相邻单体双极板的温度，基于假设两者温度相等，即 $T_{1\text{c,bp}} = T_{2\text{a,bp}}$；$h_{1,\text{bp,clant}}$，$h_{2,\text{bp,clant}}$ 分别是单电

燃料电池-蓄电池
混合电源系统低温启动建模

池 1 和单电池 2 与冷却液的换热系数，根据冷却流道的工作状态，将换热系数的计算分为两种情况。

若冷却循环开启，冷却流道中冷却液流动，则使用非圆管强制对流传热进行计算，计算公式如下。

$$h_{1,\text{bp,clant}} = \frac{J_{\text{H}_1} c_{\text{bp}} G}{Pr^{\frac{2}{3}}} \quad\quad (7.11)$$

$$h_{2,\text{bp,clant}} = \frac{J_{\text{H}_2} c_{\text{bp}} G}{Pr^{\frac{2}{3}}} \qu\quad (7.12)$$

式中相关的参数计算在第 6 章中有详细的介绍。

在冷却循环开启的情况下，冷却流道中的进出口交换热量的速率表达式如下。

$$\dot{Q}_{\text{clant,in}} = (\dot{m}c)_{\text{clant,in}} T_{\text{clant,in}} \quad\quad (7.13)$$

$$\dot{Q}_{\text{clant,out}} = (\dot{m}c)_{\text{clant,out}} T_{\text{clant,out}} \quad\quad (7.14)$$

若冷却循环关闭，冷却液和双极板之间没有强制对流运动，则使用平板自由对流传热模型，传热率表达式如下。

$$h_{1,\text{bp,clant}} = \frac{Nu_1 \times k_{\text{clant}}}{L} \quad\quad (7.15)$$

$$h_{2,\text{bp,clant}} = \frac{Nu_2 \times k_{\text{clant}}}{L} \quad\quad (7.16)$$

式中相关参数的计算在第 6 章中有详细的介绍。

在冷却循环关闭的状态下，冷却流道中不会有冷却液流入和流出，即

$$\dot{Q}_{\text{clant,in}} = \dot{Q}_{\text{clant,out}} = 0 \quad\quad (7.17)$$

7.2

燃料电池电堆仿真模型与验证

结合本章电堆内不同位置单体之间的传热模型与第 6 章单体内温度分层模型，可以得到电堆温度分层，模型可以求解单体之间和单体内部的温度分布不均匀性，基于每个单体的温度得到不同单体的输出电压，然后求和可以得到整个电堆的输出特性。基于本章的电堆模型，结合本书建立的燃料电池-蓄电池混合系统模型框图（图 2.13），建立混合系统仿真模型，对燃料电池冷启动进行仿真与分析。仿真参数见表 7.1。

表 7.1　仿真参数

参数	数值
环境温度	253.15K
仿真电流密度	40mA/cm^2
初始膜含水量	6.2

电流密度在 80s 时间内从 0 线性增加到 40mA/cm^2，然后保持稳定。

燃料电池电堆温度分布模型仿真可分析不同单体数量对电堆物浓度分布的影响，其仿真结果如图 7.11 所示。

如图 7.11 所示，组成电堆的 3 个单体中，中间部位单体的温度明显高于两侧单体温度，与环境直接接触的端板温度最低。由于两侧电池单体的存在，中间部位的单体可以认为进行了一定程度的绝热处理，所以其耗散到环境中的热量减少，更多的热量用于单体温度的增加，因此可以达到较高的温度。虽然两侧单体与端板相连，没有与环境直接接触，但是端板热质量较高而且温度较低，两侧传导给端板的热量较多，本身温度增加速率小于中间单体。

图 7.11
冷启动停机
前电堆温度
分布（3 个
单体）

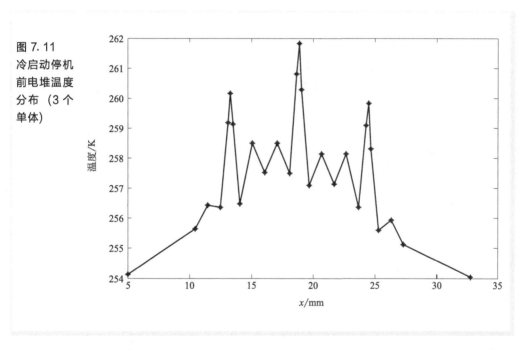

如图 7.11～图 7.14 所示，随着电堆单体数量的增加，燃料电池电堆温度随之增加，这是由于两侧增加的单体可以更好地对中间部位单体进行绝热，单体产生的热量可以更加有效地用于增加单体温度。但是当单体数量达到 10 个以上时，继续增加单体数量中间部位单体温度增加不明显，此时中间部位的单体的热量基本不会耗散到环境中，单体产生的热量基本全部被用于温升，此时单体数量增加带来的绝热效果不能继续增加电堆的温度。所以在单体数量小于 10 个的时候增加单体数量可以明显增加电堆的温度，改善燃料电池

电堆冷启动性能，但是当电堆单体数量增加到 10 个以上时，通过增加电堆单体数量体提升电堆冷启动性能不明显。

图 7.12
冷启动停机
前电堆温度
分布（5 个
单体）

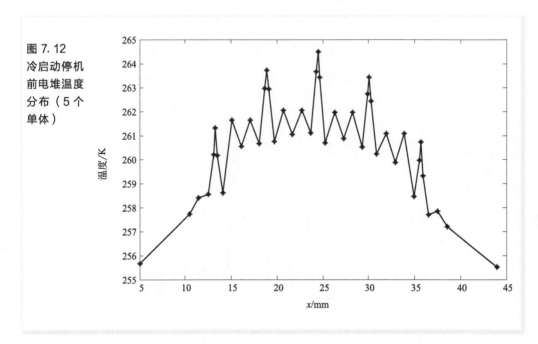

图 7.13
冷启动停机
前电堆温度
分布（10 个
单体）

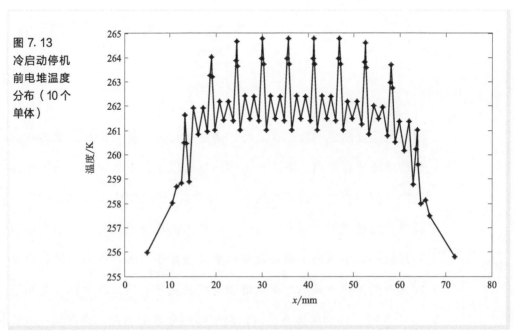

燃料电池-蓄电池
混合电源系统低温启动建模

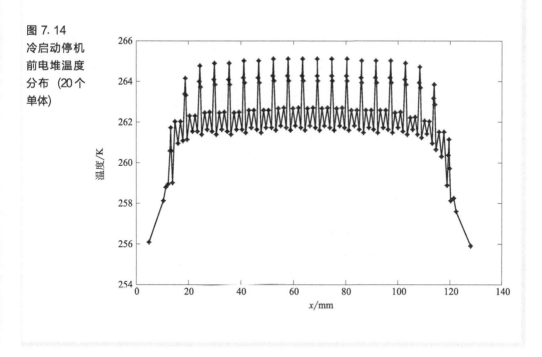

图 7.14
冷启动停机
前电堆温度
分布（20个
单体）

为了分析单体数量对电堆冷启动性能的影响，本书对不同单体数量的电堆进行了仿真，分析启动过程中温度、冰体积分数、输出电压的变化，仿真结果如下。

如图 7.15 所示，随着单体数量的增加，电堆中最高温度随之增加，尤其在单体数量在 5 个以下时，增加单体数量可收获明显的温度增加，但是单体数量增加到 10 个，继续增加单体数量，电堆最高温度不再会有明显增加。

如图 7.16 所示，随着单体数量的增加，冰积累速度略有降低，启动持续时间略有增加，这主要是因为增加单体数量在增加电池温度的同时，使得电堆内部饱和湿空气中水蒸气分压增大，可以将更多的产物水排出电池，同时质子交换膜和催化层可以容纳更多结合水。较慢的冰积累速率使得燃料电池冷启动持续时间增加，使得电池有更多时间提升温度。

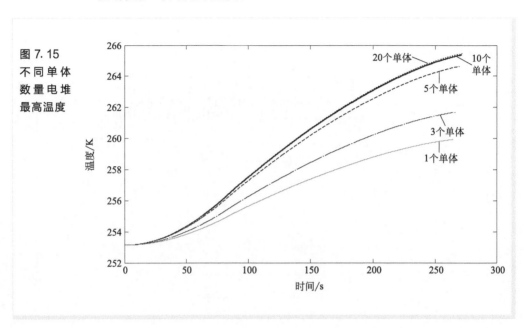

图 7.15
不同单体
数量电堆
最高温度

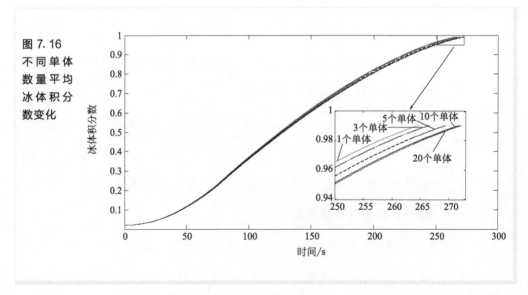

图 7.16
不同单体
数量平均
冰体积分
数变化

如图 7.17 所示，在电堆停机前，电堆输出电压随着单体数量增加而增加，此时拥有较多单体数量的电堆温度较高，而且冰体积分数较低，进而导致更高的输出电压和更久的电压输出时间，增加单

燃料电池-蓄电池
混合电源系统低温启动建模

体数量可以在一定条件下改善燃料电池电堆的冷启动性能，但是单体数量超过一定数量时，电压不再有明显增加。

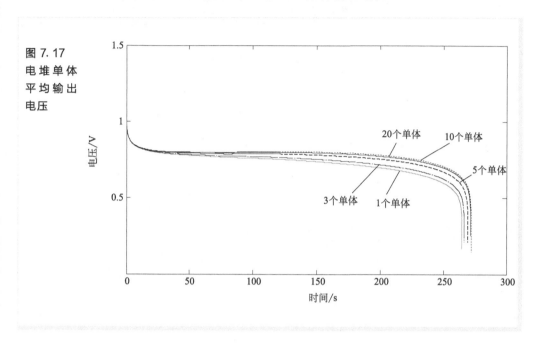

图 7.17
电堆单体
平均输出
电压

7.3

本章小结

　　本章基于第 6 章的燃料电池单体模型对电堆内部单体进行单独建模，并考虑不同位置单体之间的传热，建立了燃料电池电堆温度非均匀温度模型，进行仿真，得到了不同单体数量电堆温度分布，中间部位单体因为两侧单体的绝热效果具有温度优势，但是当单体数量超过 10 个时，中间部位的单体与临近单体不存在明显温差。本章还对不同单体数量的电堆温度分布、输出电压、冰体积分数变化进行仿真分析，仿真结果表明随着单体数量的增加，电堆最高温度、最大输出电压、启动时间都会随之增加，在单体数量低于 10 个时，三者都有相对明显的增加，但是电堆单体数量高于 10 个时，三者性能都没有明显改善，通过增加单体数量来改善电堆冷启动性能存在上限。

燃料电池-蓄电池
混合电源系统低温启动建模

参考文献

［1］ Nakagaki N. The newly developed components for the fuel cell vehicle，Mirai. SAE Tech Pap，2015.

［2］ Jiao K，Li X. Effects of various operating and initial conditions on cold start performance of polymer electrolyte membrane fuel cells. Int J Hydrogen Energy，2009，34：8171-8184.

［3］ Rui L，Weng Y，Yi L，et al. Internal behavior of segmented fuel cell during cold start. International Journal of Hydrogen Energy，2014，39 (28)：16025-16035.

［4］ Amamou，Kandidayeni M，Boulon L，et al. Real time adaptive efficient cold start strategy for proton exchange membrane fuel cells. Applied Energy，2018，216：21-30.

［5］ Tabe Y，Saito M，Fukui K，et al. Cold start characteristics and freezing mechanism dependence on start-up temperature in a polymer electrolyte membrane fuel cell. Journal of Power Sources，2012，208：366-373.

［6］ 朱蓉文，肖金生，薛坤，等. 反应气体加湿对 PEM 燃料电池温度分布的影响 ［J］. 武汉理工大学学报，2010，32 (05)：16-19.

［7］ 陈士忠，王艺澄，张旭阳，等. 四流道蛇形结构质子交换膜燃料电池温度分布数值模拟. 可再生能源，2016，34 (06)：921-925.

［8］ 李友才，杨宗田，吴心平，等. 质子交换膜燃料电池低温起动方法的仿真研究 ［J］. 电源技术，2014，38 (05)：838-840，850.

［9］ 涂正凯，余意. 质子交换膜水热管理技术基础及应用. 北京：科学出版社，2017.

［10］ Yueqi Luo，Bin Jia，Kui Jiao，et al. Catalytic hydrogen-oxygen reaction in anode and cathode for cold start of proton exchange membrane fuel cell，2015，40 (32).